U0518923

中国传统创造思想研究

王忠 著

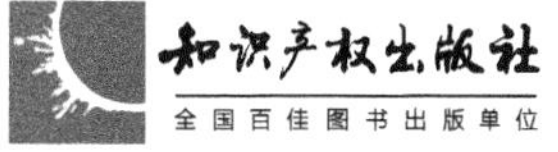

图书在版编目(CIP)数据

中国传统创造思想研究 / 王忠著. —北京:知识产权出版社,2018.1
ISBN 978-7-5130-5301-3

Ⅰ.①中… Ⅱ.①王… Ⅲ.①创造性思维－研究－中国 Ⅳ.①B804.4

中国版本图书馆CIP数据核字(2017)第297297号

内容提要

本书以“创造思想”为核心，建构了一个具有中国文化背景的创造思想研究框架，深入探讨了具有中华传统文化特色的创造价值观、意会认识论和象数思维模式。具体来讲，本书系统地梳理了中文中“创”字及相关词汇的演变过程；认为阻碍创造价值观的确立有三个主要因素，即小农经济、天命论和经学模式；探讨了与创造活动密切相关的意会认识论及其基本特征，分析了以英国波兰尼为代表的现代意会认识理论，论述了传统文化中有代表性的老子、庄子、郭象和禅学等的意会理论；以《周易》为例，分析了象数思维与创造思维的密切关系；综合介绍了创造价值观、意会认识论和意象思维在近代以来发展变化的历史。

总之，本书以“创造”为核心，价值论、认识论、思维论、思潮论构成一个有机的整体，具有鲜明而重要的中国新哲学——“创学”理论探索意义。本书在研究方法上，突破了传统哲学研究的经学范式，从中西、文理、古今的跨学科大视野展开论述，令人耳目一新。

责任编辑：李海波　　**责任出版**：孙婷婷

中国传统创造思想研究

王忠　著

出版发行：知识产权出版社有限责任公司
网　　址：http://www.ipph.cn
http://www.laichushu.com
电　　话：010－82004826
社　　址：北京市海淀区气象路50号院
邮　　编：100081
责编电话：010－82000860转8582
责编邮箱：277199578@qq.com
发行电话：010－82000860转8101
发行传真：010－82000893
印　　刷：虎彩印艺股份有限公司
经　　销：各大网上书店、新华书店及相关专业书店
开　　本：720mm×1000mm　1/16
印　　张：11
版　　次：2018年1月第1版
印　　次：2018年1月第1次印刷
字　　数：150千字
定　　价：38.00元
ISBN 978-7-5130-5301-3

序

PREFACE

宋代诗人杨万里《过百家渡》诗云：

一晴一雨路乾湿，半淡半浓山迭重。

远草坪中见牛背，新秧疏处有人踪。

改革事业深化，亟待文化更新。中华文化何时“过百家渡”，进入一个“百家争鸣”的新时代？迄今，看到的是文化碎片飞舞，辩经家滔滔不绝，新哲学、新文化建构则被冷落边缘化。这是一个希望与失望交织的时代，可以用“一晴一雨路乾湿，半淡半浓山迭重”来形容。一些默默的探索者，避开急功近利的喧嚣，在新哲学、新文化的曲折小路上艰辛前行，只要静心明目，就可以发现“远草坪中见牛背，新秧疏处有人踪”的新景致。

如何对传统哲学进行创造性转化，在传承的基础上建设反映时代精神的中国新哲学，进而普及大众，促进改革深化，衔接世界文明？这是百年新文化运动从“中西论战”阶段转向“中西会通”新阶段的标示性议题。创造性转化有两个关键环节：一是“继承与创新”一体的中国新哲学理论建设；二是“高远与日用”兼容的大众普及实践。

21世纪以来，以上述两大关键问题为突破口，笔者与有关教师、学生等同道中人组成“创学”探索学术团队，在新哲学理论探索和大众实践方面，默默耕耘，不懈努力，取得了一批有原创性探索意义的成果。

何为“创学”？著名中国哲学家张岱年先生在1998年为笔者“古道今梦”系列专著写的序中指出：“在认真评价儒、道、释思想的基础上，提出以《周易大传》生生日新为源，转化形成以‘创’为主导的中华新精神，并将‘创’作为核心范畴，融入中华文化内核。认为‘创’是现代精神的标志，较‘仁’更能体现人的本质，由此提出了将‘仁学’等传统思想转化提升为‘创学’的新观点。”这是张岱年先生对“创学”内涵精练而权威的概括。

笔者认为，“创学”的特色可简要概括为四点：

第一，跨学科的视野和方法。“创学”研究尝试突破中国传统哲学泛道德化的局限，在中西、文理、古今、凡圣四大会通的跨学科背景下开拓哲学新天地。

第二，“道”的古今通贯。“道”是中国传统哲学的最高追求，“创学”继承这一思想，通过对道的“本体与境界”合一追求，实现古今之道的贯通。

第三，从“仁学”到“创学”的转化。继承张岱年等中国哲学家“天人合一”广义创造观，与现代西方创造学说结合，建设中西会通的“创学”理论。

第四，落脚在大众实践亲证。贯彻先哲“百姓日用即道”的思想，把“创造之道”落实到百姓大众生活中，做到理论与实践“知行合一”，造就21世纪有前瞻全球文明眼光的“新民”。

以上四点联系起来就是跨学科—承道统—启新命—同修行，具体地说，“创学”是以“跨学科”拓新为视野，“道统”传承为主线，“创造”彻悟为追求，“大众”亲证为落脚点，形成的以“创造之道”为核心的中西会通新哲学。

《中国传统创造思想研究》是王忠博士研究的一项新成果。本书以“创造思想”为核心，深入探讨了有中华传统文化特色的创造价值观、意会认识论和象数思维模式。

本书首先系统地梳理了中文中“创”字及相关词汇的演变过程，作了多层阐述和分析，并以英文“creat”等词的演变作为参照，提出为什么“古代中国人没有将创造列为基本的文化精神和价值”的问题。

作为对上述问题的回答，本书认为，阻碍创造价值观的确立有三个主要因素，即小农经济、天命论和经学模式。对如何建设中国哲学的“创造”价值观，本书提出：从《易传》和《中庸》中提取出“生生”和“成己成物”作为建设创造价值观的两个来源。“生生”哲学把人置于宇宙生命的川流中，开拓创新；而“成己成物”体现了创造活动的“一体两面”内涵。

本书探讨了与创造活动密切相关的意会认识论及其基本特征，分析了以英国波兰尼为代表的现代意会认识理论，论述了传统文化中有代表性的老子、庄子、郭象和禅学等的意会理论。通过中西观点比照，批驳了中国古代没有认识论的观点，凸显了中国古代不但有认识论，而且历史更久远，内涵更深刻。

本书以《周易》为例，分析了象数思维与创造思维的密切关系。论述了作为象数思维核心的“立象尽意”和象数思维的两种致思方式，即取象比类和运数比类，并分析了象数思维的特色和不足。

本书最后一章，综合介绍了创造价值观、意会认识论和意象思维在近代以来发展变化的历史，归纳出创造思想在近代发展的四个阶段，并结合现实问题，给出了多方面富有现实意义的评价。

由上，本书以“创造”为核心，价值论、认识论、思维论、思潮论构成一个有机的整体，具有鲜明而重要的中国新哲学——“创学”理论探索意义。本书在研究方法上，突破了传统哲学研究的经学范式，从中西、文理、古今的跨学科大视野展开，令人耳目一新。

当然，急功近利的社会思潮冲击，传统“经学”的研究范式束缚，长期中西对立、文理割据，使中国哲学新理论探索一直被边缘化，“创学”理论研究如“逆水行舟”。加之“创造”本身的复杂性，中西会通的跨学科性，“创学”的建设尚处在初级阶段，许多理论和实践问题有待深入研究。从这个角度看，《中国传统创造思想研究》一书在理论原创性、深刻性、严谨性上尚有进一步深化发展的空间。

在此，热忱祝贺王忠教授专著出版！祝愿身处澳门城市大学的王忠教授，发挥澳门中西荟萃之优长，推动中西会通的新哲学、新文化建设深入发展！

欢迎读者登录“中华文化大学网”（http://zhwhdx.ustc.edu.cn），开放的“创学”欢迎各界人士加入探索！

刘仲林

中国科学技术大学人文学院

2016年7月

目　录
CONTENTS

第1章 绪论

1.1 论题的界定

马克思曾说，全部所谓世界历史不外是人类经过人的劳动创造了人类。一部人类社会史，就是一部创造活动史，是人类不断地改造世界也同时改变自身的历史。人类对创造活动的反思也很早就开始了，从理论上讲是从人类社会发展的第二个阶段，即脑力劳动和体力劳动发生分工的时候。从逻辑上说，人们对创造活动的反思不外乎“什么是创造?”“为什么要创造?”“如何创造?”从哲学上讲就涉及本体论、价值观、认识论、思维论等。这四个部分就是本书所说的“创造思想”的基本内容。

不过，关于本体论问题，恩格斯曾作过这样的表述：“什么是本原的，是精神，还是自然界？——这个问题以尖锐的形式针对着教会提了出来：世界是神创造的呢，还是从来就有的?”也就是说在本体论问题上不能讲创造，否则就会导致神创论。这样，我们就把本体论暂且悬置，而以价值观、认识论和思维论作为创造思想的基本内容。

至于“中国传统创造思想”，特指的是中国古代的具有中国特色的创造价值观、意会认识论和意象思维。

1.2 研究的必要性

“创造”是我们这个时代的主题，如何树立创造意识、培育创造能力，使人具有更强的创造力，成了热门的讨论话题，但也随之产生了一些值得注意并须加以仔细研究的问题。

1.2.1 “创新患上强迫症”

“创新患上强迫症”，这是清华大学袁鹰教授2007年在《社会科学报》上发表的一篇文章的标题。在这篇文章中，袁鹰教授言辞激烈地抨击了当前各类“创新”中的一些弊端。他认为，概括地讲，当前中国文化的“创新”活动，是在“创新”意识形态压力（制度性压力）下进行的职业化创新，它以个体生存利益的无限发展为“创新”的目的，即“我创新、我生存”。这种求生存的“创新”不仅丧失了中国传统文化创作中的生命感、宇宙感和历史感，而且也不能实现对现代存在问题的追问和对自我价值的创建。这种求生存的“创新”是必然没有内在性和缺少诗意的。不但如此，当前中国文化“创新”的纵深发展，正在沦入价值虚无、标准瓦解的“恶搞”的酱缸中。在文化界，各种方式、各种名义的“恶搞”正在成为“文化创新”的常规途径，而且从娱乐界到传播界、从文化界到学术界，“恶搞”成就了前赴后继的形形色色的“超男”和“超女”。他说，今天在这个“全民创新”、被定义为“盛世繁荣”的文化时代，我们只能看到一个充满“恶搞”的怪诞而破碎的文化景象的万花筒——这个文化万花筒巨大无比，喧嚣华艳，但空无一物。无疑，当前中国文化“创新”深化的趋势是由泡沫文化转向垃圾文化——由虚假的繁荣转向恶俗的泛滥。

袁鹰教授的话虽不免有些偏激，也有些精英主义的思想倾向，但他确实洞见了隐藏在当前的“创新”活动中的体制化、商业化、功利化、肤浅化的特征。而且，袁鹰指出了中国传统文化创作富于生命感、宇宙感和历史感，这是很中肯的评价。

整体来说，上述现象就是只注重“成物”（形成成果和作品），忽视“成己”（境界）的不良后果。“成己成物”并重的观点在2000多年前的《中庸》

中就有阐述，在当前浮躁的社会文化背景中，“成己成物”并重，注重心灵参与、境界提升的传统创造价值观的意义和价值是显而易见的，也是非常值得深入研究的。

1.2.2 只见“言传”，不识“意会”

一般来说，人类认识大致可以分为两种：一种是以逻辑分析为代表的言传认识；另一种是以直觉领悟为代表的意会认识。西方逻辑分析发达，言传认识论较强：东方直觉领悟源远，意会认识论较强，而完整的认识特别是创造性认识需要意会认识和言传认识的有机结合。东方科学理论发展缓慢，特别是近现代科学落后，从认识论上说，与逻辑分析薄弱有重要关系。近两个世纪以来，东方积极引进西方现代科技成果，普及和发展逻辑分析的理论及方法，这是完全必要的，舍此就不能使东方文化走向现代化。与此同时，西方学者认识到，只有精致的逻辑分析能力并不能产生创造，创造需要高度的想象直觉能力，需要简洁、和谐、新奇的审美能力，而这些恰恰是“只可意会，不可言传”的。

然而，在东方，特别是在我国，出现了从一个极端走向另一个极端的倾向。随着现代科学引入，逻辑分析发展，尤其是哲学文化大一统思想的形成，东方擅长的以直觉体悟为代表的意会认识竟被排挤出认识论的殿堂，似乎东方认识论已成为一无可取的古董，这是一个令人痛心的“忘本”倾向。所以，当前有必要加强意会认识的研究工作。在老庄哲学、魏晋玄学、禅宗以及陆王心学中有丰富的意会认识思想，等待我们去发扬光大。

1.2.3 推崇“逻辑”，贬斥“意象”

中国传统文化擅长意会认识，由此也决定了中国古代意象思维的高度发达。事实上，中华文化思维的主线就是意象思维。以《周易》“象数思维”为典型代表的传统意象思维为我国古代科技领先世界起到了巨大的促进作用。

19世纪末期，西方逻辑学开始被系统地输入中国，并得以普及化，然后又由于近代中国的唯科学主义思潮的压制，传统意象思维的生存空间越来越小。比如，传统意象思维曾被冠以唯心主义的帽子，受到粗暴的批判和排斥。

当然，意象思维自身确实还存在不少的缺陷，比如注重整体而缺乏微观分析，谈功能却不考虑实体内部结构等。建立在科学实验基础上的严密概念思维是现代科学的组成部分，中国传统象数思维必须走与之结合的道路。事实上，我们也不必要拘泥于《周易》阴阳八卦中的陈陈相因。我们最关心的是阴阳五行八卦思维背后所体现出来的象数思维的一般形式、规律和方法，即象数思维的普遍原理和推理方法。象数思维只有经过一番超越其（阴阳五行八卦）具体形态的提炼，寻找出具有人类普遍意义的规律和方法，才能革故鼎新，走向世界。

通过上述问题可以看出，传统的中国创造思想不但在历史上起到了巨大的作用，而且对于当今的文化建设和创造实践都有积极的意义。

1.3 研究框架

本书是以实践哲学为指导，从过程的、动态的角度研究人类创造活动所涉及的价值判断、认识论和思维模式。

1.3.1 研究内容

图1-1要表达的主要意思是，意象思维参与到主体的创造实践活动中，而意象思维是受意会认识论指导的。主体的创造价值观来自对创造实践的过程和创造成果的感悟。整体来说，本书是以意会认识论、意象思维和创造价值观为核心展开讨论。另外，本书还辅以第6章“中国传统创造思想的近现代命运”，考察、分析了意会认识、意象思维和创造价值观在近现代的不同际遇。

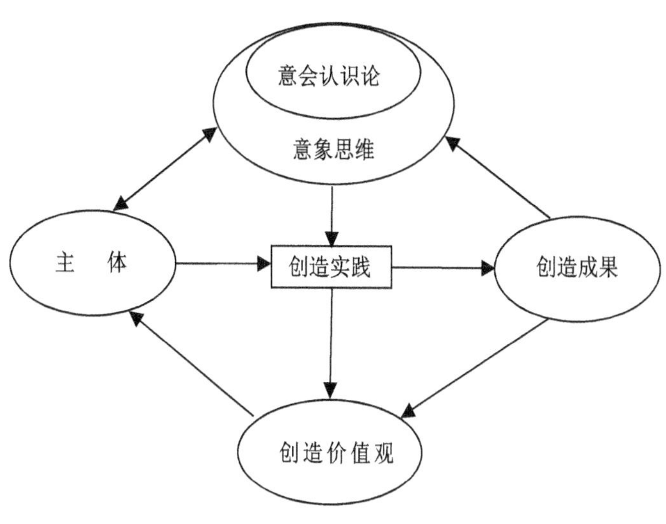

图1-1　研究内容逻辑图

1.3.2　研究方法

在研究方法上，以古代历史文献、哲学理论为基础，通过中西比较、考据考证、历史考察、哲学思辨等多种方法，交叉运用了不同的学科，如哲学、历史学、思想史、心理学、创造学、科学史等。

第2章　“创(造)”及其相关词汇的中西考察

“创造”是我们时代的主旋律，是各领域关注的焦点，其价值已得到全社会的高度认可，“创造”以及与此相关的“创新”“创造性”等也成为热门的词汇而被频繁地使用。“人类思想的全部进程告诉我们，每当一个观念作为社会的基本价值的时候，也就是大多数人习焉不察的时候。”[1]当今社会，人们对创造一词似乎耳熟能详，然而却很少有人明白创造的内涵及其演变历程，恰似《易传》所说的“日用而不知”。

文字是思想文化的重要载体，研究文字的演变可以从一个独特的角度了解思想文化的发展变化。这方面的出色研究成果主要有英国语言学家史密斯（L.P. Smith）的《词与习语》（*Words and Idioms*，1925）、英国文化思想家威廉斯（R. Williams）的《关键词》（*Keywords*，1976）等。在《关键词》一书中，创造性（creative）同其他我们日常经常使用的词汇一起被收录其中。在解释为什么把这些词称为“关键词”的时候，威廉斯说：“一方面，在某些情境及诠释里，它们是相关的词；另一方面，在某些思想领域，它们是意义深长且具有指示性的词。”[2]在威廉斯看来，“创造”正是具有这种属性的一个词。出于上述认识，他考察了创造性一词的词源以及词义的演进。这些工作是结合时代背景和社会文化思潮进行的，对于我们理解西方近代以来创造价值的形成有着重要作用。了解中国创造价值的确立和发展过程，让我们也从研究“创”这个词开始。

2.1 汉语中的“创”及其相关词汇

在汉语中，“创”字的繁体为“創”，古汉语的写法还有“刅”和“剏”多种。“创”有以下不同的读音和含义。

一是读chuāng，其意有四：①创伤。《战国策・燕》：“秦王复击轲，被八创。”《史记・项羽本纪》第七：“项王身亦被十余创。”《后汉书・华佗传》：“四五日创愈。”②伤害，损伤。《汉书・薛宣传》：“欲令创咸（人名）面目，使不居位。”③砍，砍除。《海国图志・叙》：“创榛辟莽。”④通“疮”。《礼记・杂记》：“首有创则沐。”《论衡・书虚》：“吾君背有疽创。”这个意义后来写做“疮”。

二是读chuàng，其意有五：①始，造。《周礼・考工记》：“知者创物，巧者述之守之，世谓之工。”《周礼注疏》中贾公彦疏曰：“此知者即下文圣人一也”。下文者何？即“百工之事皆圣人之作也”。也就是说真正的创造是由“圣人”来完成的，即使是“巧者”能做的业只能是模仿和传承而已。这里“知者创物”一句，可以说是中国式样的“神创论”。②首先，初始。《后汉书・袁绍传》：“创谋河外（河南）。”《水经注・榖水》：“皇居创徙。”③建造。《宋史》卷四百五：“刱书院贵溪之南。”《聊斋・狐女》：“暂创一室，以避虎狼。”④撰写，创作。《北梦琐言》：“能立就？或归以创之？”《晋书・律历中》：“正朔既殊，创法斯异。”《三国志补注》：“令创制雅乐。”⑤惩治，惩戒。《晏子春秋・内篇问》：“身无所咎，行无所创，可谓荣矣。”《朱子语类》卷二十三：“此诗之立教如此，可以感发人之善心，可以惩创人之逸志。”

在检索古代文献时，笔者发现“创”字最多的被用以表示“创伤”之意，“（身）被创”之类的语句比比皆是。从语法上说，这里的“创”是名词，不是本书重点探讨的内容。哲学与文化所关注的去声之“创”，是动词，所表达的主要意思为“始造”“创作”。本书下面的讨论，是就此意而展开的。

古代文献中与“创”有关的词组主要有：

（1）创基（业）。《后汉书・左雄传》：“（光武帝）业创基冰泮之上，立足枳棘之林。”《晋书・景帝》：“世宗以叡略创基，太祖以雄才成务。”

（2）开（肇）创。《资治通鉴・后梁纪三》：“先帝数十年开创基业。”《太平治迹·统类》卷八："贵国祖先肇创基业。"上面两个词组都为开疆辟土之意，一般用于对君王或诸侯的描述，在文献中基本没有看到其他人可以使用这个词。直到明代，在《耆英堂记》中才见普通人使用这个词。该文作者李時勉写道："李氏及其族属蕃衍，有徙居西门南门者，有徙居南乡东乡者，四散离析，相去隔越，各保其新创基业，视先世居第漠然不顾。"不过，即便如此，我们可以很明显地看出这里的"创基业"前面有个"新"字，和原来的用法不一样了。从语法来说，"创（基）业"是一个动宾词组，而这里的"新创"整体是一个动词。

（3）新创。这个词最先出现于《后汉书·李固传》："新创宪陵。"作"新近建造"讲。此后又有"新近创（制）作"之意，一直沿用到清代。如宋葛立方《韵语阳秋》卷十七："政和中，徽宗新创禁中傩仪。"元代所著《宋史·高宗七》则有"（帝）罢州县新刱税场"。还有上文提到的明代《耆英堂记》里"新创基业"等。值得注意的是出现在南宋的一段文字："淮南制置使刘锜新创踏射威强弓兵。"（《中兴小纪》卷四十）这里的"新创"已经和现今的"创造""创新"具有同样的意义了。这是"新创"一词内涵的重大转变。迄于清，此类用法已较为普遍，这从清代的文献中可见一斑。如"朕所喜者滇黔两省新创之事甚多"（雍正皇帝谕旨）。又如《四库抽毁书提要》："然其体例新创，胪列详明，实足资博古者考订之助，未可遽以丛杂讥之。"不过，从宋到近代之前，"新创"之新用法的流行并未影响原意"新近建造""新近创（制）作"的使用，三者一直并用。只是到了近代，"新创"之"建造"含义才逐渐淡化，现代日常语言中几乎没有人再这样使用了。

（4）创新。如今"创新"这个词比"新创"的使用频率高得多，但其在汉语中出现的时间则比"新创"晚了200年。"创"字和"新"字依前后的顺序共同出现，最早是在南北朝时期梁朝沈约撰写的《宋书·元嘉历法》中，书中有“更创新历”语句。不过很明显，这里的语法结构和现在的“创新”一词的用法是不一样的。具有现代意义上的“创新”一词出现在北齐时期成书的《魏书》中，其卷六十二：“开物成务者，先皇之贞也；观乎人文者，先皇之蕴也；革弊创新者，先皇之志也。”不过，此种用法在古代典籍中难得一见。据笔者考察《四库全书》，除《魏书》中的记载以外，只找到了另外四处。分别是唐代《周书》卷二十六：“博采遗逸，稽诸典故，创新改旧，方始备焉。”明代丘濬《大学衍义补·明礼乐》：“知之悉故能创新开始，识之详故能袭旧成终，创物之始非圣人不能，成物之终虽明哲之士亦可能也。”明代李日华《六研斋二笔》卷一：“此等皆创新之论，甚警甚卓，非浪执笔者与古人并行可也。”还有一处很有意思，是清雍正帝的谕旨，教育他的臣子为政不要标新立异：“凡事但宜随地随时斟酌损益，期于办理无误则已，何必思及分外创新立异始为美政耶。”当然，古代文献中类似“更创新历”的动宾结构的语句非常之多，诸如“创新历”“创新律”“创新法”“创新仪”“创新词”“创新学”“创新庙”“创新官署”等，不一而足。

（5）创造。在谈这个词之前，我们先来对“造”字作一番考察。据王筠《说文解字句读》注：“造即创也，互文见意”，也就是说，“造”和“创”意思相同，可以互为解释。用现代汉语语法的术语来说，“创造”一词属于“联合词组”，即前后两个词之间是并列关系，意思基本相同。我们前面提到的“创”字的多数内涵，如“建造”“制作”“撰写”“开始”等也是“造”字所具有的。“造”字所构成的词组中最值得注意的是“造命”，这个词组是针对“天命论”的观点提出的，强调以“力”改变人生和命运。其积极主动的内涵正是开拓创新的前提。提倡“造命”观的有唐代李泌：“夫命者，已然之言。主相造命，不当言命。言命则不复赏善罚恶矣。”（《新唐书·列传第六十四》）还有明代王艮“我命虽在天，造命却由我”等。不过，这种思想在“天命论”占主导地位的古代很少见。

整体上来看，“造”偏重“创建、建造、制造”，而“创”则偏重“开拓创新”“发明创造”，更合乎本书意旨，所以这里对“造”字不作过多的讨论。

我们接着说“创造”。“创造”一词出现在文献中，最早是在陈寿的《三国志·魏志》：“诸葛诞创造凶乱”，作“制造、引发（某种局面）”讲。类似的还有《宋史》卷三百五十：“曾布言赡创造事端，以生边害，万死不塞责”，等等。不过，经过检索发现，这种用法在古文献中出现的次数不多。“创造”更多的用于表达以下几种意思。一为“建造”。如《隋书·高祖上》：“诏……等创造新都。”《旧五代史·梁书第五》有：“创造文宣王庙。”二为“制作”。《隋书》中记载：“大业元年炀帝始诏……等宪章古制，创造衣冠。自天子逮于胥皁，服章皆有等差。”也有制作器物的，如《旧唐书》卷一百六十四有：“臣等请下有司精求良玉，创造苍璧黄琮等九器。”三为“开创”。《南书·梁本纪上》：“及齐高创造皇业，摧锋决胜，莫不垂拱仰成焉。”《毛诗集解》卷十八：“亦如王室之创造艰难如此。”四为“创作”。《后汉书·应劭传》：“其见《汉书》二十五《汉记》四，皆删叙润色，以全本体。其二十六，博采古今瑰玮之士，文章焕炳……其二十七，臣所创造。”也用于创作音乐，如《隋书》卷十四有：“于是正定雅音为郊庙乐，创造钟律颇得其宜。”五为“发明”。《宋书·礼志五》：“至于秦汉，其（指南车）制无闻，后汉张衡始复创造。”《旧唐书》卷一百九十一：“勅（僧）一行考前代诸家历法，改撰新历。又令率府长史梁令瓒等与工人创造黄道游仪，以考七曜行度，互相证明。”

古代有关“创”的词汇还有很多，如“创业”“创改”“创制”“创置”“创立”“创举”“首创”“自创”“创议”等，限于篇幅，这里就不一一辅以文献了。这些词汇大多沿用至今，意义也基本没有变化。在它们当中，最具有哲学与文化研究价值的当数“创造”与“创新”了。通过上述考察，可以发现古代

“创”“创造”的含义已较接近现代意义，当然就广度和深度而言，都无法和现代“创造”一词的地位和角色同日而语。“在漫长的古代历史中，‘创’和‘创造’都属使用频率很低的非常用字词，并没有引起古人特别注意。在中国传统哲学与文化范畴术语中，也没有它们的位置。”[3]刘仲林教授考察了“创”字在中国传统经典著作中的使用情况，结果发现：“在《论语》一书中‘创’字仅出现一次，而‘仁’出现了109次。在《孟子》中‘创’出现一次。在《老子》中，没出现‘创’字。特别是在《易传》生生哲学中，也没有出现‘创’字。总之在我国古代，‘创’及其相关词汇，都埋没在千千万万普通字词中，其文化精神价值，尚未被发现。”[4]

2.2 英语中的“创造”及其相关词汇

英文中的“创造”（create）是由拉丁文creare的过去分词creatum发展而来。creare意为to produce，to make，作“创造”“生产”“创建”讲。create最早于13世纪开始使用，带有浓厚的犹太教—基督教色彩。按照《圣经·创世纪》的记载，天地万物和人类都是上帝在六天的时间内“无中生有”（ex nihilo）创造出来的。中世纪的人们认为，“创造”是上帝才拥有的特权。在这个意义上，上帝也被称做造物主（creator）。当时create使用方法也很特别，从语法上讲一般都是用过去分词created。牛津布鲁克斯大学教授蒲柏（R.Pope）认为，直接的原因是create源于过去分词creatum。[5]而再往上追问，终极的原因还是来自《圣经》。按照《圣经·创世纪》的记载，上帝的创造在第六天就完成了，第七天上帝就“安息”了。从上帝的角度来看，“创造”是过去了的事，业已完成的事，故此用过去时态。

据蒲柏的考证，现在时态的“创造”（create）在15世纪晚期才出现，此后不久又出现了现在分词creating。这里的create意思是what was created，即“创造出来的东西”，也就是创造物；creating意思是what is being created，即“（事物）正在创造”，侧重于创造的过程。但在这个时期人们更强调的是created，而不是creating。“对于文学艺术作品，人们更倾向于只欣赏最终的成果而不去试图了解其创作的风格以及表现的手法。”[6]这种现象生动地说明了上帝“无中生有”式的创造影响是根深蒂固的。在此背景下，creating的出现就很值得我们关注，它表明坚冰已被打破，人们正准备以新的视角去思考创造。

显著的变化发生在16世纪，创造的宗教意蕴被削弱，人开始以创造者的形象出现。“这个词（create）的词义加以延伸，指涉‘现在的或未来的创造’（present or future making）——亦即，一种人为的创造——是人类重大变化（亦即我们现在所称的文艺复兴时期的人文主义）的一部分。”[7]当然，这个时期在人们心中上帝远没有离开创造的舞台，而只是舞台上又增加了一类人：诗人。人们把诗人与创造联系起来由来已久。在古希腊时期，人们认为宙斯派缪斯女神把创造灵感传递给诗人和艺术家，再通过这些诗人和艺术家的创作表现出来。但按照这种说法，很明显，诗人和艺术家其实只是天神进行创造的工具，而不是他们真的具有创造力。古希腊关于缪斯的神话流传很多个世纪，在文艺复兴时期成为人们摆脱宗教束缚的一个资源。但正如刚刚提到的，人们认为诗人和艺术家只是天神创造的工具，其创造只能算做模仿（imitation），加之中世纪1000年“惟有上帝才能创造”观念的影响，人们对自身的创造持怀疑、讽刺甚至鄙视态度，这种现象通过当时在负面意义上使用创造一词可以看得出来。比如莎士比亚《错误的喜剧》中有这样一句嘲讽的话：

> Are you a God?（你是神吗?）
>
> Could you create me new?（你能把我创造成新的东西吗?）

又如《麦克白》中麦克白恐惧地看到：

A dagger of the mind, a false creation, Proceeding from the heat-oppressed Brain.

（心中的一把刀，一种幻象，从狂热的头脑中产生出来。）

在17世纪末期，“create与creation这两个词已普遍具有现在的意涵。……（它们）被广为接受并且被解释为‘人的行动’”[8]。这时候出现了creative一词，意思是“神圣的、奇迹的、具有创意的”，仍然带有旧时的内涵。而进入18世纪，creative一词的意思已经转向“人的心智能力”，创造与人之间的联系被赋予越来越多的积极意义，而与上帝则渐行渐远。这时人们往往把创造跟人的想象力（imagination）联系起来。如1728年，苏格兰剧作家、诗人马莱（D.Mallet）在其长诗《远足》的开头发出这样的祈祷：

Companion of the Muse, Creative Power, Imagination!

（赐予我缪斯、创造力以及想象力吧！）[9]

从上面的引述也可以看出，这时人们谈论的创造指涉的是艺术领域。类似的文献还有：1815年，英国“湖畔诗人”华兹华斯（W.Wordsworth）在给画家海登（B.Haydon）的信中自信地说：“我们的职业是高尚的，朋友，创造的艺术（Creative Art）。”[10]当时英国的著名诗人布莱克（W.Blake）曾充满激情地写到：

I must Create a System or be slaved by another man's... my business is to Create.

（我要创造自己的体系，否则就会被别人的体系所奴役……我的事业就是创造。）

这是人的创造主体地位逐步确立的时期，但神创论的传统认知仍然没有被遗忘，或者根本就是出于宗教信仰不愿遗忘，即使是引领时代风潮的人物也概莫能外。比如英国“湖畔诗人”的另一位代表人物柯勒律治

(S.Coleridge)，他一方面赞美想象力是人类所有感知能力中最为生机勃勃的力量；另一方面却认为人类最高层次的想象力（即创造）来自上帝，是对“上帝永恒创造活动的有限重复”。[11]最为典型的例子出现在1776年的美国《独立宣言》之中：

> We hold these truths to be self-evident, that all men are created equal, that they are endowed by their Creator with certain unalienable Rights...
>
> (我们认为下述真理是不言而喻的：人人生而平等，造物主赋予他们若干不可让与的权利……)

从“created”“creator”的使用上，可以很明显地看出，政治上激进的美国的奠基者们是以传统神创论为背景写下这些“不言而喻”的真理。

当然，整体来说，人的创造主体意识在逐步增强，上帝的“创造特权”逐步地被人类夺取。但这种特权旋即又被少数人所把持。在18世纪，人群中能被看做“创造者”的只有艺术家。19世纪中期，艺术被分为两类：高雅艺术(fine art）和应用艺术（applied art)，前者指的是绘画、歌剧、芭蕾舞、诗歌等；后者指的是房屋建造、大众歌谣、民间舞蹈、一般的写作等。只有前者（高雅艺术）才可以称为creative art，而后者则不能。这说明当时创造所指涉的人群很小，范围也很狭小，带有明显的精英主义色彩。

而正是创造所具有的崇高声望以及成为“creator”的向往，使得创造这个词在20世纪的使用范围大幅扩张。据蒲柏的考察，20世纪30年代出现了下面一些词组：creative salesman（1930），creative writing（1930），creative education(1936)，显示了创造一词泛化的趋向。到20世纪中期以后，几乎任何活动都可以贴上creative这个标签。1958年的一篇文章曾把广告、设计、模特、公共关系等称做“创造性的商业工作”。事实上，在商业利益的驱动下，“创造”的标贴已无处不在，这引起了一些人的焦虑。1991年，法国哲学家德勒兹

（G. Deleuze）和瓜塔里（F. Guattari）批评这种情形对真正的创造而言是一场“彻底的灾难”。

creative的名词形式creativity出现得比较晚。从目前可知的文献中发现，最早使用这个词的是哲学家和数学家怀特海（A. Whitehead）[12]，时间是1926年。1933年版的牛津大辞典（OED）中还没有收录这个词，但它已经开始广泛使用，指涉的是事物的“new”（新）或“novel”（新奇）。在西方文化中，创造和“新”（new）、“新奇”（novel）联系起来始于18世纪末期，是针对当时“create”过于鲜明的“模仿”（imitation）意味提出来的。进入20世纪，创造的内涵进一步丰富，不仅“新”（new）、“新奇”（novel）之意得到进一步的强化，原本属于经济学范畴的“innovation”（创新）也涵盖其中。这时的创造就是求新、创新，创造出新产品、新技术、新的管理理论等。1934年，美国诗人庞德（E. Pound）喊出“make it new!”的口号，其实正是那个时代人们的心声。

小　结

关于中文中“创”及其相关词汇的考察，此前虽有学者研究过这个问题，但往往比较零散、不全面，而且还有不少不准确的地方。比如，有学者看到古代文献中“创”字和“新”字并列在一起出现的地方比较多，就认为这个词在古代很流行。[13]其实，正如本章所指出的那样，这种情况往往是以一种动宾结构语句的形式出现，如“更创新历”“创新词”等，不是真正意义上的“创新”。

本章第一次全面、系统地梳理了中文中的“创”及相关词汇的演变过程，并作了相对合理的解释，为从词汇学的角度理解中国创造思想作出了一定的贡献。

为了更好地理解中文中的“创”及相关词汇的演变，我们又以英文中“creat”等词的演变历程作为参照。通过对中西语言中“创”一词的考察与比较，可以形成以下几点认识。第一，从时间上看，中国古代具有现代意义上的“创（造）”一词形成较早，在公元前476年左右成书的《考工记》中就已出现；[14]西方相同意义上的“创造”一词形成较晚。罗马时期虽然出现了这个词，但并不是一个哲学、神学或艺术领域的术语，直到17世纪末期才具有现代的意义。第二，从使用范围上看，中国古代的“创（造）”一词体现在礼仪制定、基业开拓、物器制造、文章创造等方面，内涵丰富，特点鲜明。西方的“创造”一词最初只是上帝的专有名词，在文艺复兴之后以“艺术”为中介，从天上降到人间，逐渐运用到各个领域。第三，从“创（造）”一词的主语上看，中国从先秦以前的“圣人”转变为芸芸众生，当然也有个别词在某些时期属于某些特殊的人群，比如前面讲到的“（开）创基业”这个词专属于帝王；西方则从中世纪时期的“上帝”转为艺术家，再转为普罗大众。从开端和结果上看，东西方在这一方面经历了类似的发展变化。

最后要特别指出的是，中国“创（造）”一词虽然形成很早，且内涵丰富，但几千年中一直没有受到关注，在中文词库中默默无闻，几乎被人遗忘。这一默默无声的背后，反映的是“日出而作、日落而息”的小农经济的封闭，封建宗法制社会的禁锢和因循守旧经学传统的束缚。通向创造的道路被封锁，“创造”一词也必然长期受冷落。从代代流传的俗语“枪打出头鸟”“人怕出名猪怕壮”“出头的椽子先烂”……可以看出创造面临的社会环境的艰难。[15]这一社会文化现象表明，在传统的价值体系中，几乎没有“创造”的立足之地。中国古代产生了许多重大的发明创造，但是在价值观上，社会的主导思想是守成、保守甚至守旧。

张岱年指出，“近代西方的一个最重要的精神就是创造精神”[16]。我们认为，“中西差别，古今不同，原因十分复杂，然而从发展的角度归结为一点，就是‘创’上的差距”[17]。这样，人们不禁要问了：为什么中国的“创（造）”一词产生早，内涵鲜明，长期以来却不被重视？为什么西方的“创造”一词出现晚，但后来却成为西方文化的核心理念？上述问题从哲学的角度来说，就是为什么“古代中国人毋庸置疑的创造能力迟迟未能取得精神的自觉，一个极富创造力的古老民族，并没有将‘创造’列为基本的文化精神和价值”？[18]对此作出回答，是下文的任务。

注 释

[1][18] 高瑞泉.论创造之价值[J].开放时代，1999(1)：68.

[2][7][8] 雷蒙·威廉斯.关键词：文化与社会的词汇[M].北京：生活·读书·新知三联书店，2005：导言，92-93，94.

[3][4][15] 刘仲林.中国创造学概论[M].天津：天津人民出版社，2001：21，21，25.

[5][6][10][11][12] POPE B.Creativity：theory，history，practice[M]. London and New York：Routledge，2005：37，38，39，39，44.

[9] SMITH L P. Four romantic words[M]// Words and idioms. London：Constable，1925.

[13] 何星亮.创新的概念和形式[N].学习时报，2006-02-13.

[14] 关于《考工记》成书年代，按照多数学者的观点，主体内容编纂于春秋末至战国初，部分内容补于战国中晚期。本书只是据此以春秋向战国过渡的标志性年份，即公元前476年作一大致的断定。

[16] 张岱年.张岱年全集：第6卷[M].石家庄：河北人民出版社，1996：456.

[17] 刘仲林.中国新哲学宣言[C]//2004年中国哲学大会会议论文.中国社会科学院，2004.

第3章　中国传统创造价值观

价值观也叫价值观念，是人们关于是非、得失、善恶、美丑等具体价值的立场、看法、态度和选择。个人的价值观是驱使人们行为的内部动力，是人生观的核心；群体的价值观则构成其思想文化和社会意识形态的主导成分，是社会文化体系的灵魂。

这里所谓“中国传统创造价值观”，指的是中国传统社会中人们对创造、创新的认识以及价值判断。不同的人有不同的价值观，对同一个观念的价值甚至会作出截然不同的评价；不同的时代有不同的价值导向，相同的观念在不同的历史时期其价值的重要性有着巨大的差异。对传统创造价值观的研究，考察的是传统社会中的人们对创造的各种看法，是提倡、推崇，还是反对或轻视。

3.1　阻碍创造价值观确立的因素

从西周到清代中期，中国社会大致出现了“敬德”“人道”“纲常”“自然”“天理”以及“利欲”等价值观[1]，没有直接推崇创造价值的思想。在这些价值观当中除了“利欲”之外，其他都不是确立创造价值观所需要的直接哲学前提。而且，“利欲”观也只是在明朝中后期昙花一现，很快就在清朝“存理灭欲”的价值导向中凋零。也就是说，在中国古代社会中，同“创造”这个词汇不被重视一样，“创造”也不属于人们崇尚的价值之列。正如上一章引自高瑞泉的说法，“古代中国人毋庸置疑的创造能力迟迟未能取得精神的自觉，一个极富创造力的古老民族，并没有将‘创造’列为基本的文化精神和价值”。那么，原因何在呢?

我们知道，价值观属于社会意识形态，是上层建筑的一部分。一方面，经济基础决定上层建筑，价值观的确立和演变要从社会经济的发展中寻找原因。

另一方面，上层建筑内部的其他因素如政治、法律、宗教、艺术、哲学等对价值观的发展变化也有影响。这是从马克思主义哲学的角度对于上面问题所作的指导性的回答。根据马克思主义哲学的基本观点，我们把中国古代创造价值不能确立的原因大致归纳为以下三个方面。

3.1.1 小农经济

社会经济的发展（特别是经济形态的变化）是价值观演变的最终根源，讨论中国传统的价值观问题，我们首先要从传统社会的经济形态——小农经济说起。

一般认为，中国小农经济始于奴隶制逐渐瓦解的春秋战国时期，存在于中国2500年。但也有不同的观点，比如李根蟠认为在夏商周时期就存在小农经济形态。只不过这时的小农经济是和农村公社及其变体共同存在的，是不完整的小农经济。[2]按照这种观点，小农经济在我国存在的历史有4000年之久。

我们现在使用的"小农经济"的概念来自马克思，他形象地描述了小农经济形态的场景："小农人数众多，他们的生活条件相同，但是彼此都没有发生多式多样的关系。他们的生活方式不是使他们相互交往，而是使他们互相隔离。……一小块土地，一个农民和一个家庭；旁边是另一块土地，另一个农民和另一个家庭。一批这样的单位就形成了一个村子；一批这样的村子就形成一个省。"这样，这些经济单元"便是由一些同名数相加形成的，好像一袋马铃薯是由袋中的一个个马铃薯所集成的那样"[3]。

根据马克思有关论述，这种小生产大体有以下的一些特征：第一，以个体家庭为单位进行生产和消费。马克思指出："在这种生产方式中，耕者不管是一个自由的土地所有者，还是一个隶属农民，总是独立地作为孤立的劳动者，同他的家人一起生产自己的生活资料。”[4]第二，孤立劳动、自给自足。小农经济下的生产劳动，不是社会劳动，而是孤立劳动。这是由于土地及其他生产资料的分散造成的。同时，孤立劳动也造成直接生产者对一定土地的产品的占有和生产，也就是说，这是一种自给自足、“维持生计的农业”。[5]第三，劳动者占有一定的劳动资料。这是最基本的一点，正如马克思指出：“劳动者对他的生产资料的私有权是小生产的基础。”[6]尽管那些生产资料“是小的、简陋的、有限的。但是……他们也照例是属于生产者自己的”[7]。

马克思描述的小农经济的情形同样也出现在我国古代社会，而且同样表现着上述小生产的特征。一般认为，《孟子·梁惠王》的“五亩之宅”“百亩之田”就是中国小农经济的基本模式；《史记·商君列传》载：“男乐其田畴，女修其业，事各有序”，说的就是小农经济“男耕女织”的生产经营结构。这句话也体现了小生产的一个特征，即“以个体家庭为单位进行生产和消费”。《汉书·食货志》记载李悝云：“一夫挟五口，治田百亩。”《孟子·梁惠王上》：“百亩之田，勿夺其时，八口之家，可以无饥矣。”《汉书·食货志》：“一夫不耕，或受之饥；一女不织，或受之寒。”这些文献佐证了上述小生产的又一个特征，即“自给自足”。《管子·山权数》的“地全百亩，一夫之力也”以及《荀子·王霸篇》的“农分田而耕”则体现了“孤立劳动”的特征。

经济基础决定上层建筑，中国数千年的农耕经济深刻地影响着中国人的精神风貌。一方面，小农经济造就了中国人勤劳务实、宽厚包容、坚忍不拔、和谐中庸的人格特征；另一方面，也形成了若干抑制创造精神的社会心理结构。对于后者的具体含义，结合学者的相关论述[8]，这里概括如下。

第一，经验思维方式。在小农经济社会中，后辈与先辈几乎生活在同样的自然环境和社会环境之中，走着相同的生活道路，后辈所经常碰到的各种问题，都可以从祖先那里获得现成的答案。只要按照祖先的传统经验办事，就不会有风险。在遇到新情况、新问题时，小农总是习惯于向后看，借助于祖先遗传下来的经验，总是试图从历史的传统经验中找出良方妙策，一劳永逸地解决矛盾和问题，而往往不是立足于对这些情况和问题进行现实的分析和考察，诉诸主体的探索精神和创造性思维。这种思维方式使得中国文化具有一种前后相承的稳定性，使民族的传统文化得以传承。但人只愿在既成的思维框架中进行再思维，从而导致创新的精神严重缺失。

第二，循环思维方式。农耕时代，春夏秋冬、日出日落的轮转，春种秋收，日出而作、日落而息的重复以及朝代的变迁使人们感觉万事万物都是循环往复、永无穷尽的。久而久之，人们就形成了习惯性的不自觉的循环思维方式。这种思维方式承认变化，但把变化限定在一定的范围、周期和程度之内。而这实际上是否定了历史的真正进化和发展，将历史的演化发展只简单地看成“天道”“天意”的一种封闭循环和无端运转，从而陷入了历史宿命论。这种思维方式否认了主体主观努力的意义，培养了小生产者消极坐等、逆来顺受、稍足即安、保守怯懦的性格和精神。毫无疑问，这种思维框架里面产生不出创造的意识。

第三，中庸思维方式。“中庸”的基本思考方式是“执两持中”，这是由儒家提出的，但是道家思想中也有这种思考方式。“执两持中”不是消极地折中，而是“时中”，即根据具体的情况所作的动态的平衡，这是很有价值的一种思想。但这种内涵却没有被很好地发扬，“中庸”在许多时候被理解为“不偏不倚”“各打八十大板”。由于蕴含“不越轨”“不走极端”的思想，“中庸”还和“不敢为天下先”联系起来。这些观念实际上都是渊源于小农经济，是小生产者的一种自发思维倾向和心理要求。在中国的小农那里，有许多劝勉人们不要为天下先，要走“中庸之道”，乐天安命、追平求稳的“警世恒言”，如“枪打出头鸟”“出头的椽子先烂”“木秀于林，风必摧之”“人怕出名猪怕壮”等。在这些民谚、俗语所形成的社会环境中难觅创造价值的生存空间。

3.1.2 天命论

“天命”观念形成于西周初年，春秋战国时期得到了进一步的发展，成为中国哲学的重要命题。在汉代以后更是成为官方的意识形态，对中国人的思想有着深远的影响。

考察天命观念的起源，文献上最早可以追溯到夏代，《礼记·表记》有“夏道尊命，殷人尊神”的记载。天命论真正开始流行是在殷商时期。根据胡适的考证，商时的“帝”字与“天”字同出一源，所以“天”在商人那里有时或称为“帝”。“帝”是商人的至上神，这个神不是自然神，而是有意志的人格神，实际上就是鬼魂崇拜。在商人看来，“帝”的意志即“天命”，商的统治秉承的是“上帝”也就是祖先意旨，是天命所为，具有政治上的正当性。商人的祭祖活动非常多，有时一年中近一半的时间都有祭祀活动。祭祖的目的就是与祖先沟通，一是求祖先的旨意，二是请求祖先给予庇护，使天命永存。有意思的是，商的统治者似乎认为只要虔诚地祭祀祖先，“天命”就是一个一旦拥有则万世永固的正当性资源。典型的例子是殷商末年，王朝的统治面临重重危机，纣王还是傲慢地宣称：“我生不有命在天!”（《尚书·西伯戡黎》）在这种天命思想下，人完全被外在的、高高在上的鬼神所支配，人的社会主体形象是非常模糊的。

出于巩固政权、使自身的统治带有“君权神授”意味的目的，周灭商后并没有舍弃商时的天命观，而是对天命作了新的解释。这种解释和当时人们的疑问有关，即为什么天改变成命而使“殷坠厥命”（《尚书·周书·酒诰》）了呢？为什么“小邦周”（《尚书·周书·大诰》）消灭了“大邑商”呢？周初的政治家对这些疑问的回答是：“天命靡常”“天难谌”“非天庸释有夏，非天庸释有殷”“乃惟尔自速辜!”（《尚书·周书·多方》），即天命不是固定不变的，夏殷的灭亡不是上天要舍弃他们，而是他们自招罪过，自取灭亡。那么，如何才能长治久安呢？周人提出了“皇天无亲，惟德是辅”（《尚书·周书·蔡仲之命》）的思想，认为只有靠德行才能受到天命的辅助。这其实意味着天命有常了。整体来说，周人的天命思想就是这种无常与有常的统一。“有常”的前提就是人的参与，即要求人“以德配天”，表明周人的天命思想具有一定的人文主义色彩。正如陈来所言，“‘天’的神性的渐趋淡化和‘人’与‘民’的相对于‘神’地位的上升，是西周时代思想发展的方向”[9]。

当然，周人天命观还带有不少宗教的色彩，但毕竟是突破了殷商的神意史观，并形成了具有道德意味的以人为本位的天命观念。周代的这种“天命”观被先秦不同流派的思想家所接受，并各自进行了阐发。正如唐君毅所说：“中国先哲言命之论，初盛于先秦。孔子言知命，墨子言非命，孟子言立命，庄子言安命顺命，老子言复命，荀子言制命，《易传》《中庸》《礼运》《乐记》言至命、俟命、本命、降命。诸家之说，各不相同，而同远源于《诗》《书》中之宗教性之天命思想。”[10]与周代天命观不同的是，无论是孔孟那里决定一切的主宰之天、义理之天，还是墨荀那里可以控制、改造的自然之天，先秦诸子天命论的基点都是把人看做主体性的存在。这在一定程度上就把人从神鬼那里解放出来，并赋予人一定的自觉性、主动性。比如孔子说：“务民之义，敬鬼神而远之，可谓知矣。”（《论语·雍也》）朱熹对此解释道：“务民之义”者，“专用力于人道之所宜”也（《论语集注》）。而墨子则提出“非命”的思想，从历史的、经验的、实践的角度系统地反驳了天命论。荀子则更进一步，认为：“天行有常，不为尧存，不为桀亡。应之以治则吉，应之以乱则凶”（《荀子·天论》），进而提出“制天命而用之”的思想。从培养人的主体意识，培育创造所需要的文化环境来说，这种思想是有其积极意义的。

上述思想可以称为“积极的天命论”，当时还有“消极的天命论”。比如当时有公孟子之类“执有命者”宣扬命定论，认为“命富则富，命贫则贫；命众则众，命寡则寡；命治则治，命乱则乱；命寿则寿，命夭则夭”（《墨子·非命上》），在他们看来“贫富寿夭，齰然在天，不可损益”。这种消极论调为孔墨等人所反对，但在后世却颇为流行。“一饮一啄，莫非前定”之类的话，在民间话语和通俗文艺中屡见不鲜。明清之际的思想家王夫之曾辛辣地讽刺道：“俗谚有云：‘一饮一啄，莫非前定’，举凡琐屑固然小事而皆曰命，将一盂残羹冷炙也看得惊天动地，直慚惶杀人！”他指出：“以未死之生，未富贵之贫贱统付之命，则必尽废人为。”[11]显而易见，“人为”尽废，何谈创造？

消极的天命论还导致循环论观念的产生。比如孟子一方面强调人的决定性，认为“三代之得天下也以仁，其失天下也以不仁。国家之所以废兴存亡者亦然。天子不仁，不保四海；诸侯不仁，不保社稷；卿大夫不仁，不保宗庙；士庶人不仁，不保四体”（《孟子·离娄上》）；另一方面又说天命主宰一切，人类社会的兴亡也由天直接决定，非人力所能改变。他把人类的历史看做五百年一次的循环，说“五百年必有王者兴，其间必有名世者”（《孟子·公孙丑下》）。这种天命观下的循环论还有战国后期阴阳家邹衍的“五德始终”说、汉代董仲舒的“三统”说。“五德始终”说认为，土、木、金、火、水五种德性相克相生，交替复兴。历史变迁、王朝更替就本质上是“五德”的循环往复。董仲舒继承了邹衍“五德始终”的思想，认为历史是按照赤、黑、白三统不断循环的。改朝换代时要“改正朔，易服色”，以便“顺天志”（《春秋繁露·楚庄王》）。这些观点无非是昭告天下王朝的建立是顺应天意，君王的权利是“受命于天”，从目的上看和夏商周时期的天命观并无二致。前面提到循环论其实是宿命论思想，抑制人创造意识的觉醒，否认主体主观努力的意义。而当“五德始终”说从秦代、“三统”说从汉代开始成为官方意识形态的时候，这种压制作用的严重性更是显而易见了。

3.1.3 经学思维

冯友兰曾把中国20世纪以前的学术传统分为两个时期：自孔子至淮南王为子学时代，自董仲舒至康有为为经学时代。经学之“经”，指的是儒家的六经，亦称六艺，包括《易》《诗》《书》《礼》《乐》《春秋》。《乐》在汉代已不存，因而又有五经之称。六经是陆续编定而成的，非成于一时或一人。孔子整理、编定六经，并用于进行私学教育，建立儒家学派，从而成为经学发展史上的奠基性人物。此后的儒家学派特别是子夏、孟子和荀子，对经学的早期发展也作出了突出贡献。

西汉前期，黄老之学盛行，儒学并不被朝廷重视。但由于儒学本身包含着有利于统治者加强中央集权需要的思想因素，如天道观及大一统思想等，它在“列君臣、父子之礼，序夫妇、长幼之别”（《史记·太史公自序》）方面的优长，更是其他学派所不能比拟的。所以汉武帝即位以后，出于强化专制主义中央集权的目的，积极扶植和发展儒家经学。汉武帝采取的措施主要有罢免各地所举贤良中的法家、纵横家人物；选派好儒之士任重要官职，设置五经博士等。这些措施中最重要的是公元前134年采纳董仲舒的意见：“诸不在六艺之科、孔子之术者，皆绝其道，勿使并进”，拉开了罢黜百家、独尊儒术的序幕。此后儒家经典成为理论权威，儒家经学取得了统治思想和正统学术的地位。长达两千多年的经学时代潜移默化地影响着中国人的思想，赋予中国人鲜明的经学思维方式。有人甚至认为，“经学思维方式比直觉思维、意象思维等所谓中国特色的思维更具有中国特色”[12]。

经学思维方式表现在两个方面：一是观念上以传统为权威，崇古和复古意识浓厚；二是学术上以经学模式为圭臬。

先谈第一个方面。中华民族是个富有传统意识或历史意识的民族，这对于文化传承、以史为鉴、继往开来是很有价值的。但是，以儒者为代表的中国先哲对于历史似乎有一种过分的爱好和兴趣，他们"言必称尧舜""制必法三代"，把传统高置于创新之上，形成了一种崇古和复古意识，传统获得了绝对权威的意义。儒家思想在汉代取得"独尊"地位之后，这种崇古、复古意识更是发展到无以复加的地步。比如，据学者考察，受经学思想影响，复古之风在两汉时期非常流行。儒家经典中的种种描述规定人们日常的衣食住行、婚丧嫁娶等各个方面，上至皇帝下至普通百姓莫不遵从。[13]

再来谈第二个方面。经学视祖先的典籍为不可挑战的权威，视传统为颠扑不破的真理。经学时代"大多数著书立说之人，其学无论如何新奇，皆需于经学中求有根据，方可为一般人所信受。经学虽常随时代而变，而各时代精神，大部分必于经学中表现之"[14]。中国古代学者的根本信条是，崇尚圣贤、效法先王、尊师重道。强调对传统无条件的信从，固守前人之说，而不加批评，不思超越。汉代经学讲究师法、家法，师法与师法之间、家法与家法之间各守门户，不论思考什么问题，都要先想到本派经书怎么说、传记注疏怎么说。宋儒讲"义理之学"，主张依个人的心得体会来解释古代经典，力求从"圣贤经传"中寻找立说的根据。明清之际的王夫之、清代的戴震思想前卫，见解超凡，但他们的表达方式仍然没有脱离古代经典，他们的思想却仍然要从古代经典中推衍而出。这从他们著作的名称中可略见一斑，比如王夫之的名著叫《周易外传》《尚书引义》《诗广传》，戴震的名著叫《孟子字义疏正》等。一个更有代表性的例子是清末谋求变法革新的康有为，他为寻求维新变法的理论依据，以便取得当时人们对维新变法的认同，就用今文经学的主要经典《春秋公羊传》来"旧瓶装新酒"。

总的来看，经学就是一个复古保守、不思创新的代名词，经学思维方式是封闭的、独断的，更不可能有创新。当经学思维方式从书斋扩展到整个社会的时候，影响到每一个人，成为人们的心理定式时，它对创造、创新、求发展的消极作用是巨大的。

当然，出于应对派别间的争论和社会的挑战，经学也有一定的发展和创新。但是，经学崇古、复古的思想倾向和泥古不化的学术特质并没有根本的改变，正如梁启超所评价的那样："名为开新，实为保守，煽思想之奴性而滋益者也。"[15]

3.2 中国传统创造价值观的主要范畴

中国传统社会中，受诸多因素的影响，"创造"这个词长期受冷落，创造也不是人们自觉的价值追求。从秦汉至清末社会的主流思想来看，这个判断是没有问题的。不过，这并不是说中国传统文化中就没有追求创造的思想。在先秦时期，中国的先哲们敏锐地意识到了创造的意义和价值，并提出了具有中国文化特色的创造思想。即使是在秦汉以后大一统的保守文化氛围中，仍有有识之士深感守旧之弊，站出来反对天命论、循环论、经学思想的束缚，极力宣扬创造的价值。不过，在古代先贤们的这些观念没有受到足够重视，或虽然也受到关注却被加以片面的理解，其价值和意义没有被充分地挖掘和认知。从继承发扬传统文化、构建中国新文化的角度，有必要把这些观念加以整理和阐发。

笔者认为，在中国传统文化中，用以表达创造价值的哲学范畴不是"创造"，而是"生生"和"成己成物"。

3.2.1　生生

“生生”出现在文献中，最早是在《尚书·商书·盘庚》。文中有四个地方出现“生生”一词，即《盘庚》中篇的“汝万民乃不生生，暨予一人猷同心”“往哉生生，今予将试以汝迁，永建乃家”，下篇的“朕不肩好货，敢恭生生”“无总于货宝，生生自庸，式敷民德，永肩一心”。不过，据考证，这里的“生生”在上古时期读作“谨谨”，其意为“谨慎”[16]，不是本书讨论的内容。

“生生”是中国哲学的重要范畴，是中国哲学的宇宙论，描述了天地的生成和演变。后经《孟子》《中庸》中“诚”的范畴的进一步阐发，“生生”扩展到人生观，认为人应该“赞天地之化育”，要“日新又新”，初步形成了以追求“天人合一”为目的的创造价值观。

《易传》中关于“生”的主要命题是：

富有之谓大业，日新之谓盛德，生生之谓易。（《系辞上》）

天地之大德曰生。（《系辞下》）

张岱年指出，“生生”即生而又生，亦即日新，这就是“易”即变化的内容。天地生成万物，万物都是天地生成的，故“生”是天地的根本性德。[17]

如何才能“生”，《易传》又提出了下面的命题：

一阴一阳之谓道。（《系辞上》）

刚柔相推而生变化。（《系辞上》）

易有太极，是生两仪，两仪生四象，四象生八卦。（《系辞上》）

日往则月来，月往则日来，日月相推而明生焉。（《系辞下》）

天地絪缊，万物化醇。男女搆精，万物化生。（《系辞下》）

原始反终，故知死生之说。（《系辞下》）

这些命题中的刚柔、两仪（阴阳、乾坤等）、日月、天地、男女、生死都是内涵相反的范畴，对立面相互作用、相反相成，万物遂生。在它们当中，最重要的、起支配作用的是“阴阳”。“一阴一阳”，“刚柔相推”，这是变化的根源。“宇宙变化过程的终极根源是太极，太极即内含阴阳的统一体。”[18]阴和阳相互激荡，产生规律性的变化就是“道”。

根据上述基本认识，下面对“生生”作详细的分析。在《易传》里“阴阳”本身并不能“生”，它们是天地的两个根本属性，天地通过阴阳变化滋生万物。这样，天地其实就是万物的本原，如《易传》里有“有天地然后有万物”“有天地然后万物生焉”（《序卦》）。《易经》里也有类似的说法：

天地交而万物通也。（《泰·彖》）

天地感而万物化生。（《咸·彖》）

天地相遇，品物咸亨也。（《姤·彖》）

对于天地的化育万物，《易传》用“大哉”“至哉”表达了赞美之情：

大哉乾元，万物资始，乃统天。云行雨施，品物流形。（《乾·彖》）

至哉坤元，万物资生，乃顺承天。坤厚载物，德合无疆，含弘光大，品物咸亨。（《坤·彖》）

夫乾，其静也专，其动也直，是以大生焉；夫坤，其静也翕，其动也辟，是以广生焉。（《系辞上》）

《易传》有云：“乾道变化，各正性命”（《乾·彖》），意思是由于天地的运动演化，万物得以化生，各得其所。对万物而言，天是有“德”于它们的。故此《系辞下》说：“天地之大德曰生。”这样，“生”就不仅仅是天地自身的生命运动，而且也是其根本德性。

更为重要的是，天地的“生”不是一下子就完成，然后结束，而是不断变化、不断生成的过程，即所谓“生生”。天地的生生是一个永恒而日新的过程，“生生之谓易”说的就是这个意思。在这种宇宙观看来，天地不是无生命的机械的物质系统，而是一个活泼的生命世界。在这个世界里，一切万物都灌注了宇宙生命，一切生命都体现了宇宙精神。天地万物变易无方，日新又新。宇宙的历程就是朝着绝对的真善美而永不停息的生命历程。正如《易传》所说：

> 益动而巽，日进无疆。天施地生，其益无方。凡益之道，与时偕行。(《益·象》)
>
> 刚健笃实，辉光日新。(《大畜·象》)
>
> 日新之谓盛德。(《系辞上》)

通过上述论述，《易传》就完成了它的宇宙生成和演化的体系。在这个体系中，天地不仅是万物的本原，而且是生命和道德的最终本质。这样，对于生命和道德的评判就被提高到了宇宙论的层次。

总结上面的讨论，《易传》中的“生生”一词，就本义讲，至少包括三层意思。[19]

第一，生而又生，连绵不绝。“生生”表达的是一个生生不息的过程。恰如原上之草，“野火烧不尽，春风吹又生”。也就是孔颖达在《周易正义》中所疏：“生生，不绝之辞。阴阳变转，后生次于前生，是万物恒生谓之易也。”这一层意思，侧重于时间视角，强调变化历程。

第二，有而又有，丰富多彩。根据《易传》中“太极生两仪，两仪生四象，四象生八卦”的论述，“生生”从理论上讲是一个一生二、二生四、四生八，呈指数增长的发展变化过程。“生生”的繁衍，不仅数量大，而且品种多，呈万紫千红、丰富多彩之势。《易传》云：“富有之谓大业。”“生生”可以说是“富有”之源。这一层意思，侧重空间视角，强调变化态势。

第三，新而又新，日新月异。这是从“生生”的实质层面而言。生命化育，不是机械重复，也不是雷同传承，而是蕴含着质的变革。《易传》云：“日新之谓盛德”，揭示了“生生”的实质表现。

上面三个层面中，“生生”最关键和实质的含义是“新而又新”。正如张岱年所说：“《易传》所谓生生主要是日新之义。”[20]

在讨论中国创造思想的源头时，很多人都会追溯到《易传》中的“生生”哲学。对此，基本上没有不同意见。但有些学者直接把《易传》“生生”哲学当成推崇创造的哲学，却是失之偏颇的。《易传》只是论述了天地生生不已、化生万物的本质和德性，它只是“突出强调了人类行为在现象上效法天地以及在主观上对于形而上之道的悟解的必要性”[21]，对于人的本质以及人应该遵循什么样的道德则基本上没有展开讨论。《易传》中的“生生”思想就其大者还是一种宇宙论，所论及的“天地”还是独立于人类主体之外的异己力量。“生生”揭示了宇宙的运行，并给人提供了可以“参赞化育”的选择，但是却没有说人必须作出这种选择。告诉人们应该怎么做或必须怎么做，涉及的是人生观、价值观问题。从“生生”的宇宙论转到创造的人生观、价值观还需要一个本体论的转换。《孟子》和《中庸》里“诚”这个范畴充当了这个角色。根据“诚”这个本体，《中庸》对人提出了“成己”也要“成物”的价值要求，这样就使得“成己”“成物”成为传统创造价值观的核心内容。下面作具体的讨论。

3.2.2 成己成物

把天道和“诚”联系起来，始于孟子。《孟子・离娄上》云：“诚者天之道也，思诚者人之道也。”关于“诚者天之道”的命题，孟子没有详细地加以论述。但他把“诚”提到“天”之“道”的高度，实际上是将“诚”这一道德范畴本体论化。根据“天人合一”的思维范式，既然“天”之“道”为“诚”，则意味着人性亦为“诚”，即“思诚者人之道也”。这样，“诚”就为人性之诚提供了理论依据。

《中庸》继承了《易传》里的天道观念，同样把万物的演化过程理解为天地的生生历程。同时，《中庸》还发展了孟子的“诚”，把天地之生生抽象为“诚”。《中庸》的“诚”说的主要内涵有以下四个方面。

1. 进一步将“诚”形而上学化、本体化

诚者，自成也，而道，自道（导）也。诚者，物之终始，不诚无物。(二十五章)

故至诚无息。不息则久，久则微，微则悠远，悠远则博厚，博厚则高明。博厚，所以载物也；高明，所以覆物也；悠久，所以成物也。博厚配地，高明配天，悠久无疆。如此者，不见而章，不动而变，无为而成。(二十六章)

这里，“诚”就是实有，是本体，如朱熹所说“诚者，真实无妄之谓，天理之本然也”（《中庸章句集注》）。这句话大意是：“诚”之产生，源于自身，不依赖于他物，属自导自成。万物的生灭，皆出自“诚”的导引，否则也就不可能有万物的产生。而具体来说，“诚”以其“高明”“博厚”“悠久”导引万物的生成。很明显，在这里，“诚”成为本体论意义上的范畴，恰如中国哲学中的“道”“太极”等范畴。

2. 描述了“诚”的“生生”特征

至诚无息。(二十六章)

天地之道，可一言而尽也，其为物不贰，则其生物不测。天地之道，博也、厚也、高也、明也、悠也、久也。(二十六章)

“至诚无息”指的是天道的运行是“实实在在的，没有任何虚妄、虚幻之处。运行不息，生生不息，这就是天之所以为天之道。天即自然界以其‘生生不息’之功能而显示其存在，是在生命创造中存在的，不是绝对静止的”[22]。《大学》云：“苟日新，日日新，又日新。”朱熹注：“苟，诚也。”正是日新的天道之诚，才赋予万物以永恒而又日新的生命。

《中庸》二十六章进一步指出，天地的功能就是“为物”，即“生物”，这是始终如一（不贰）地进行着的。也正是由于天道运行不息，“生物”始终如一，使得万物滋生，数量多到“不测”。这种生生不息、生而又生的观点，是和前面所讲《易传》的“生生”思想相契合的。

3. 论述“诚”与人的关系

> 唯天下至诚，为能尽其性；能尽其性，则能尽人之性；能尽人之性，则能尽物之性；能尽物之性，则可以赞天地之化育；可以赞天地之化育，则可以与天地参矣。（二十二章）

“天下至诚”的人可尽己、尽人、尽物的性，因而可以参赞天地的化育。牟宗三解释说：“由于天地的本质就是生长化育，当人参天地而为三的时候，便已等于参与（participate）并且赞助（patronize）天地的化育了。人生于地之上、天之下，参入天地之间，形成一个‘三极’的结构。三者同以化育为作用，所以天地人可谓‘三位一体’（trinity）。”[23]《中庸》里的这句话“真正开辟了儒家天人合一学说”[24]，在形而上学的意义上，把人的本质与宇宙的本质完全同一起来。

4. 指明“诚”对人的要求

> 诚者天之道也，思诚者人之道也。（二十章）
>
> 是故君子诚之为贵。诚者，非自成己而已也，所以成物也。成己，仁也，成物，知也。性之德也，合外内之道也，故时措之宜也。（二十五章）

既然天道至诚，生生不已，按照“天人合一”的思维框架，人也应该效法天道，以诚为贵。一方面，人要心通宇宙，体悟天地的勃勃生机，把心灵同宇宙大生命的川流相融合，获致“与天地为一”的精神境界，此谓“成己”。另一方面，人还要效法天地生物之德，刚健有为，自强不息，努力创造，此谓“成物”。“成己”于内，“成物”于外，内外结合，就是诚者之道。

从上面的分析中可以知道，《中庸》继承并发展了《易传》中的“生生”观念。在《易传》里，天地衍生万物依靠的是阴阳的交互作用，而在《中庸》里阴阳之间这种作用的内涵被观念性的实体——诚所取代。宇宙的生化就不仅如《易传》所阐明的那样，取得其生命意义与道德价值，而且被赋予了健全的理性意义。《易传》里的外在于人的自然之天，通过《中庸》“诚”学的介入，转换成为自然与应然相统一之天。正如张岱年所言：“自然有常而不已，亦即自然是有理的。变化有其条理，消息盈虚，皆有一定之理而不紊乱。自然是有理的，亦即自然合于当然。当然之理，本即在实现之中。孟荀《中庸》之所谓诚，实即表示自然与当然之合一。”[25]

当然，《中庸》天道与诚的阐释并不完善，它对天道的诚何以具有天道的性质，天道又何以具有人道的属性，天道与人道何以统一以及统一的具体环节等并没有作出解释。这个任务直到宋代才由周敦颐完成。不过，即使《中庸》“天人合一”式的天道与人道的关系是人为赋予的，甚至是想当然的，当这种观念成为中国文化的核心思想的时候，它的影响是无处不在的。在思考生命的价值的时候，“赞天地之化育与天地参”“成己成物”的观点还是成为不少志士仁人的自觉追求。

张岱年曾指出：“世界是富有而日新的，万物生生不息。‘生’即是创造，‘生生’即不断出现新事物。新的事物不断代替旧的，新旧交替，继续不已，这就是生生，这就是易。”[26]在这里，张岱年实际上是把“生生”理解为传统文化中的创造价值观。

还要补充的一点是：“成己成物”也是传统创造价值观的重要内容。首先，如前面分析的那样，“成己”就是获得一种“天人合一”的心灵境界，也是对

“道”的追求，实质上也是一种创造性的认识。这种观念在传统文化中是根深蒂固的。其次，所谓“成物”，在其最高意义上就是创造性的实践活动。人不实践，无以成物。而实践分为两种：重复性实践和创造性实践，根据天道日新的大原则，“成物”自然也就是求新的创造性实践活动。综上可知，中国传统创造价值观是以“生生”为依据，以“成己”和“成物”为追求的价值体系。

3.2.3 生生、成己、成物三者关系

《中庸》云：“诚者，非自成己而已也，所以成物也。成己，仁也，成物，知也。”（二十五章）。前一句话的大意是“不是说成己后就可以驻足不前了，成己是用以成物的”，这说明了是“成己”在前，“成物”在后，先“成己”，然后才能“成物”。后一句大意是“成己是仁，成物是智”。我们知道，在儒家“仁、义、礼、智、信”诸范畴中，核心的范畴是仁，而不是智。以此观“成己”与“成物”，可知在儒家看来，“成己”比“成物”更具重要性。

“‘成己’然后‘成物’”这一论断似乎不是那么容易被人接受，但却是有现代心理学依据的。人本主义心理学家马斯洛（A.Maslow）指出，“自我实现”者往往把自我与非我相融合，把对立面看成统一体。在自我实现的水平上，许多二歧式（dichotomies）都消失了。内部和外部，自我与所有其他事物的分离变得非常模糊。自我实现者所表现出来的高峰体验，就是剧烈的同一性体验。“这种体验是瞬间产生的，压倒一切的敬畏情绪，也可能是转瞬即逝的极度强烈的幸福感，或甚至是欣喜若狂、如痴如醉、欢乐至极的感觉。”处于高峰体验状态的人，“能够看到人或物的整体，这些都是创造性的源泉和必要条件，因而处于高峰体验的人往往能够自发地表现出强大的创造性来”。[27]在中国文化中，这种高峰体验就是人“成己”时的体验，是感悟到主客一体、天

人合一时的状态。在中国古代，关于这种状态的记载有很多。这里举一个例子。

云淡风轻近午天，傍花随柳过前川。
时人不识余心乐，将谓偷闲学少年。

——程颢《春日偶成》

这里这位理学家的快乐是来自个体与天地融合与同一，对于直觉达不到这么高水平的人来说是不能理解的，自然是“时人不识”。

综上，我们可以把中国传统创造价值观的定义修订为：以“生生”为依据，以“成己”为核心，以“成物”为辅助的价值体系。这一体系如图3-1所示。

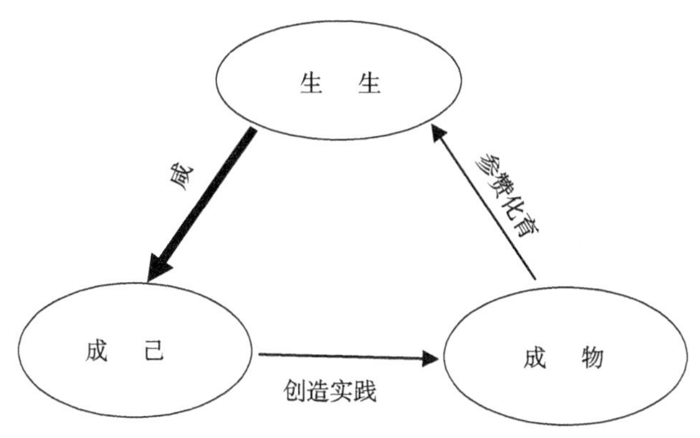

图3-1　中国传统创造价值观体系图

这里作一下解释。“成己”是人生的一种境界，这种境界靠觉悟到天地的生生不息、大化流行才能体验。这种“觉悟”可以用《易经·咸·彖》里的“咸”字来表达。[28]从“成己”到“成物”是指人顺应天地生化，自觉参与创造实践的过程。由于从“生生”到“成己”的境界更受重视，故此用较粗的线连接。“成己”到“生生”，指人通过创造物就可以“参赞化育”，融入宇宙的生命洪流之中。

另外，这里说中国传统创造价值观不以“成物”为重，也许会有不同意见，因为这只是从先秦时期的《中庸》里推衍而出的观点，不够全面。所以有必要谈一谈后世对“成己成物”的看法。鉴于“成己成物”与“生生”的密切关系，还是要从“生生”开始。

先秦之后儒家论述“生生”最精的是二程、朱熹等理学家。他们把“仁”的内涵由“爱人”转变为“生”，提出“生生之仁”的思想，把传统的伦理说教本体化，实现了儒学的重大转变。但他们往往只是沉浸于对天地生生之意的体验、对天地万物一体境界的感悟，并不看重任何实践。理学家主体呈现出一种静态的追求，他们给人的感觉是只要正心诚意的功夫做足，就可以治国平天下了。由于理学“只执着于生的玄境，缺乏具体的生命表现与创造”[29]，其实践意味就被冲淡了。在这样的学术倾向中，“成己”的功夫被突出，而“成物”的功夫就不被重视了。根据这种情况，“生生”“成物”“成己”的关系如图3-2所示。

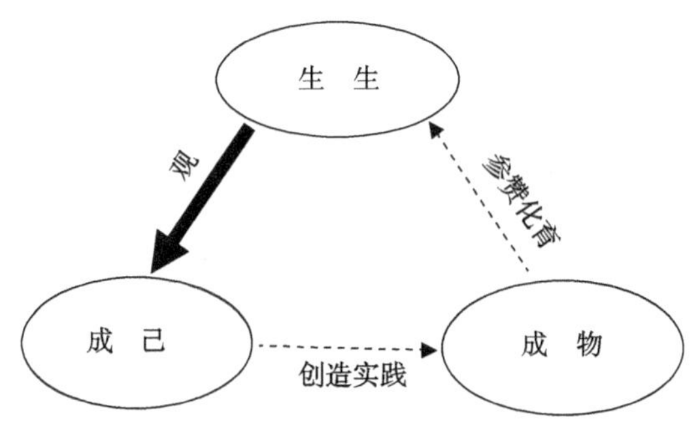

图3-2　宋儒“生生”哲学体系图

对比图3-1可以看到，图3-2中“生生”到“成己”间用更粗的线连接，是说明二者的转化更受推崇。“观”在佛教里指“观察世界，观照真理，主体心灵直接契入所观的对象，并与之冥合为一，而无主客体之别”[30]。自佛教传入以来，“观”字的使用逐渐比较频繁，深受佛教影响的理学家们也常常使用。故此以之代“咸”。但可惜的是，宋儒往往如程颖那样可以“观天地生物气象”，但却不把这种领悟当做行动之源。从“成己”到“成物”，从“成物”到“生生”之间是用虚线箭头连接起来的，表示它们之间的过渡不受重视，以至于有时根本就不会出现。在理学家那里，《中庸》“生生”哲学没有得到真正的继承，只是“成己”单方面畸形的发展。这不能不说是理学思想的一个重大缺陷。

张岱年曾指出中国哲学六个重大缺陷，其中第三个就是：“中国的人生思想，又有重内遗外的大病。中国哲学家多戒人不要务外遗内，实则已经陷于重内遗外。专注重内心的修养，而不重视外物的改造。唯以涵养内心的精神生活为贵；环境的克服，不予重视，社会民生，多所忽略。稍注意于外，便视为玩物丧志。于是利用厚生的实事，便渐归于荒废了。”[31]这实在是有见于宋儒以来的思想偏向，所发精辟之见解。

小　结

本章第3.1节探讨了抑制创造意识、阻碍创造价值确立的经济基础上的、意识形态上的和思维方式上的原因。应该说，仅仅这三个方面的分析是不够全面的。相关因素还有很多，从中国哲学层面上还有“德力”之争，“义利”“理欲”之辨，对“天人合一”的片面理解等；从政治体制上还有官员选拔制度、教育制度等。这些因素对创造价值观也都有一定的消极影响。限于篇幅，这里不可能一一论及。但可以肯定的是，上面三个方面是最主要的因素，其他因素基本上都是决定于上述三个方面的。从这个意义上讲，也算是抓住事物的主要矛盾了吧。

本章第3.2节从《易传》和《中庸》中提取出“生生”和“成己成物”作为中国传统创造价值观的两个方面，并作了具体的分析。然后又讨论了它们之间的关系，指出“成物”和“成己”之间平衡的失调。我们认为，“生生”哲学把人置于宇宙生命的川流中，从“天人合一”的角度要求人刚健中正、开拓创新，这是深具中国文化特色的生命价值观。《中庸》的“成己成物”并重（“成己”的重要性略弱些）也是非常有价值、有中国文化气派的思想。在古代中国，特别是宋代以后“成己”被片面发展，形成了“成于府成，拙于进取”的社会思潮。但是，正如前面分析的那样，“成己”本身的价值是不可轻视的。特别是在当今社会，人们陷入只强调自然产品和结果的“发明拜物教”（fetishism of invention）（借用伯纳德·巴伯语），走向了单纯崇尚“成物”的极端，作为个人心性修养，提升境界的“成己”更显示出其积极的意义。

最后还须指出的是，在古代，“生生”“成己成物”还不是直截了当宣扬创造，这里将其视做创造价值观，是就其内涵而言的，在这个意义上也可以说它们是中国创造价值观的早期形式。“《易传》‘生生之谓易’的观点，是‘创造’最直接、最简易、最强力的思想资源，二者只有一层薄薄的窗户纸之隔。”[32]但直到两千年后的20世纪，才有熊十力、张岱年等学者指出“生生”就是“创造”，从而真正点破了这层窗户纸。

注 释

[1] 赵馥玉.价值的历程[M].北京:中国社会科学出版社,2006:导论.

[2] 李根蟠.中国小农经济的起源及其早期形态[J].中国经济史研究,1998(1).

[3] 马克思恩格斯全集:第25卷[M].北京:人民出版社,1975:218.

[4] 资本论:第3卷[M].北京:人民出版社,1975:909.

[5][6] 资本论:第1卷[M].北京:人民出版社,1975:694,830.

[7] 马克思恩格斯选集:第3卷[M].北京:人民出版社,1972:308-309.

[8] 袁银兴.小农意识与中国现代化[M].武汉:武汉出版社,2002:87-99.

[9] 陈来.古代宗教与伦理:儒家思想的根源[M].北京:生活·读书·新知三联书店,1996:168.

[10] 唐君毅.中国哲学原论:导论篇[M].台湾:学生书局,1993:521.

[11] 王夫之.船山全书:第6册[M].长沙:岳麓书社,1996:405.

[12] 王雅．经学思维及对中国思维方式的影响[J]．社会科学辑刊，2002(4)．

[13] 张涛．经学与汉代社会[M]．石家庄：河北人民出版社，2001：319-341．

[14] 冯友兰．中国哲学史：上册[M]．上海：华东师范大学出版社，2000：465．

[15] 梁启超．清代学术概论：二十六[M]．北京：中国人民大学出版社，2001．

[16] 刘运兴．论《尚书·盘庚》之"生生"[J]．殷都学刊，1996(3)．

[17][18][20] 张岱年．张岱年全集：第七卷[M]．石家庄：河北人民出版社，1996：475-476．

[19] 刘仲林．中国创造学概论[M]．天津：天津人民出版社，2001：353-354．

[21] 董平．论《易传》的生生观念与《中庸》之诚[J]．孔子研究，1987(2)．

[22] 蒙培元．《中庸》的"参赞化育说"[J]．泉州师范学院学报，2002(5)．

[23] 牟宗三．中国哲学的特质：第六讲[M]．台湾：学生书局，1998．

[24] 李慎之．对"天人合一"的一些思考[N]．文汇报，1997-05-13．

[25] 张岱年．中国哲学大纲[M]．北京：中国社会科学出版社，1982：603．

[26] 张岱年．张岱年全集：第五卷[M]．石家庄：河北人民出版社，1996：228．

[27] 赵春音．人本主义心理学创造观研究[D]．北京：北京大学，2001：47．

[28]《易经·咸·彖》曰："咸，感也……二气感应以相与"，指两种生命力(阴阳)互相感应因而互相渗透。这里用这个词，用以表示主体和客体之间的紧密关系。

[29] 刘述先．理一分殊的现代解释[M]//中西哲学与文化：第一辑．石家庄：河北人民出版社，1992．

[30] 方立天．中国佛教哲学要义：下册[M]．北京：中国人民大学出版社，2002：1032．

[31] 张岱年．张岱年全集：第二卷[M]．石家庄：河北人民出版社，1996：617．

[32] 刘仲林．中国创造学概论[M]．天津：天津人民出版社，2001：355．

第4章　意会认识论

意会认识与言传认识是人类认识世界的两种基本方式。意会认识对于科学发现以及人生的领悟都有巨大的作用。波兰尼（M.Polanyi）指出："科学发现只能由思想的意会能力来达到。"[1]而在中国古人那里，意会认识向来就是占主导地位的思维方式，其作用不仅限于发现发明，文学艺术的创作，更是人生境界创造性飞跃的不二法门。意会认识体现了人类思维所固有的创造性，"意会"与"创造"有不解之缘，也可以说"没有意会认识，就没有创造力"[2]。意会认识论的研究有助于更深刻地理解创造思维，更好地指导创造实践。

4.1 意会认识论的基本观点

意会认识或意会知识（tacit knowing， tacit knowledge）这个术语最先是由波兰尼于1958年在其《个人知识》一书中提出来的。此后，波兰尼又出版了《人学》（*The Study of Man*，1959）、《意会推演的逻辑》（*The Logic of Tacit Inference*，1964，后收录到其论文集*Knowing and Being*，1969）、《意会维度》（*Tacit Dimension*，1966）等，对意会知识及意会认识作了系统的探讨和分析。20世纪70年代末期以来，意会认识论开始产生巨大的反响，在西方甚至被认为是继笛卡尔、康德后认识论发展史上的"第三次哥白尼革命"，它将导致认识论的"大翻转"，其深刻意义远在释义学、语言哲学和发生认识论之上。

波兰尼的意会认识论最先是由刘仲林教授介绍到中国的。1983年，《天津师范大学学报》第5期刊登了刘仲林教授的论文《认识论的新课题——意会知识——波兰尼学说评介》，标志着波兰尼的意会认识论正式引入中国。这篇文章把tacit和explicit分别译做"意会"和"言传"，这两个词典出《庄子·天道》："意之所随者，不可以言传也"，雅致地表达了文本原意，现已为中国多数学者所采用。tacit的其他中文译名还有“意会”“缄默”“隐性”“内隐”“未可明言”等。

4.1.1 意会知识及其特征

波兰尼在对人类知识的哪些地方依赖于信仰的考查中，偶然地发现这样一个事实，即这种信仰的因素是隐性知识的部分所固有的。[3]他对此进行了分析，并考察了大量的科学研究活动，指出人类的知识应该分为两类：explicit知识和tacit知识。所谓explicit，中文的意思是“明晰的”“清楚的”等，它形容一种清楚而明确的表达；而tacit的意思则为“沉默的”“不明说的”等，它形容一种不用言词而达到的了解。他说：“人类的知识有两种。通常所指的书面文字、图或公式表示的知识，仅仅是知识形式的一种，而非系统阐明的知识，像我们行为中的某些东西，是另一种知识形式。我们称前者为言传的（explicit）知识，后者为意会的（tacit）知识。”[4]

与言传知识相比，意会知识有下列特征：

第一，不能通过语言进行逻辑的说明。这个意义上，波兰尼又把意会知识称为“前语言的知识”（pre-verbal knowledge）或“不清晰的知识”（inarticulate knowledge），把言传知识称为“语言的知识”（verbal knowledge）或“清晰的知识”（explicit knowledge or articulate knowledge）。波兰尼还认为，意会的知识是我们人类和动物共同具有的一种知识类型，是我们人类非语言智力活动的结晶。

第二，不能以规则的形式加以传递。不能明确陈述的知识自然不能在人与人之间以明确的规则形式加以传递，因此缺乏言传知识的公共性、主体际性等特征。不过，意会知识并非是不可传递的，只是其作为一种不能言说的知识只能通过“学徒制”的方式进行传递，即只能通过科学实践中科学新手对导师的自然观察与服从而进行。波兰尼特别强调对科学权威的观察学习，他说，“好的学习就是服从权威。你听从你导师的指导，因为你相信他做事的方式，尽管你并不能分析和解释其实际效果。通过观察自己的导师，通过与他竞争，科研新手就能不知不觉地掌握科研技巧，包括那些连导师也不是非常清楚的技巧”。

第三，不能加以批判性的反思。波兰尼将这个特征看做意会知识和言传知识的主要逻辑差别。这个特征有两层意思：一层是说意会知识是“非批判性的知识”（a-critical knowledge），即我们以非批判的思想态度从我们的生活经验中所接受的；另一层是说这种非批判的知识本身是不能被理性地加以分析和批判的。要深入理解这两层意思以及为什么波兰尼将意会知识作为“个体知识”理论的基础，还要深入波兰尼的“附带的觉察”（subsidiary awareness）与“集中的觉察”（focal awareness）理论之中。[5]

第四，意会知识具有预见能力和创造性。波兰尼认为，“大科学家就是那些对将要发生的情况具有‘不可言喻的知识’的科学家”。这种“不可言喻的知识”是一种“先见之明”，它不同于单纯的猜测，“是无法言传、无法让外行获得的”意会知识。正是这种意会知识决定了科学家的创造能力。因为，“人最卓越的思维活动就在于产生这样的知识。当能控制住至今尚未探明的领域时，人的才智才是发挥了最大作用。这种作用使现有可言喻的框架得以更新。因此该作用不能在这个框架内实现，而必须依靠与动物共有的那种重新定向。主要的新奇点，只能靠与大鼠用以了解迷宫相同的意会能力发现”[6]。

4.1.2　意会知识的“逻辑在先性”

波兰尼不仅肯定了意会知识的存在，而且还指出意会知识“实际上是一切知识的源泉。抛弃它，就等于抛弃了任何知识！”正是在这个意义上，波兰尼掷地有声地喊出了表征他整个哲学基本原则的口号：在人类的总体认识结构中，“意会认识是逻辑在先的！”[7]波兰尼从人类习得语言前和习得语言后认识的发生发展过程对他的论断进行了阐释。

从个体的发育过程来看，个体在发育之初不具有言传认识能力，但具有天赋的意会认识功能。他的认识完全是一种意会的、未可明言（inarticulate knowledge）的认识。婴儿最初不是以语言而是以相应的行为对所听到的话作出回应，并由于这种实践，学会了语言，逐步发展出言传认识能力。但“人类的语言禀赋本身却不可能出自语言的应用，所以必须归因于他的语言前优势”[8]。这种“语言前优势”具有非言传性，是人类所特有的功能。“这些非言述功能——潜能——本身几乎是不可觉察的，但就是凭着这些，人类超越了动物，并且通过发出言语而成了人类整个求知优势的起因。”[9]幼儿对语言的习得就建立在这种先天的语言禀赋和日益增强的意会能力的基础上，通过人类社会所特有的交往环境，经过反复实践，逐步完成的。[10]

那么，在人习得语言之后，在明确知识的范围内，意会能力是否依然具有优先性呢？对此，波兰尼作了十分肯定的回答。首先，言传知识的形成，依赖于意会知识的存在，或者说是必须有意会知识的参与。波兰尼举例说：“没有人会信服一个他所不能理解的证明，记住一个我们并不信服的数学证明不能给我们的数学知识增加任何东西。”[11]只有理解进而信服了数学证明，才能说掌握了数学知识。这种理解就是一种意会认识。按照波兰尼的说法就是，“我们总是意会地知道：我们认为我们的言传知识是真的”[12]。其次，言传知识的意义是由认识者的意会认识所赋予的。“没有一样说出来的、写出来的或印刷出来的东西，能够自己意指某种东西，因为只有那个说话的人，或者那个倾听或阅读的人，才能够通过它意指某种东西。所有这些语义功能都是这个人的意会活动。”[13]最后，言传知识的运作方式是意会的。在许多情景中，意会性知识是人类知识的内核和内容，而言传知识只是在内核上赋予了可以表述和转达的外型，所以，即使“在语言拓展人类的智力，使之大大地超越纯粹意会领域的同时”，“语言的逻辑本身——语言的运用方式——仍然是意会的”。[14]

本小节的内容可以用波兰尼下面的一段话来概括：“意会知识是自足的，而言传知识则必须依赖于被意会地理解和运用。因此，所有的知识不是意会知识就是植根于意会知识。一种完全明确的知识是不可思议的。”[15]

4.1.3　意会认识的逻辑结构

波兰尼把人的觉察分为两类，即“附带的觉察”（subsidiary awareness）和“集中的觉察”（focal awareness）。他把人的活动也分为两类，即概念化（conceptual）的活动和身体化（embodiment）的活动。两种觉察和两种活动构成了意会认识的逻辑结构。

所谓“集中的觉察”，是指在一定的认识中，有某些因素由于人的直接注意而被认识的主体觉察。同时，也有一些因素即使没被注意到，但也被认识者觉察，这是“附带的觉察”。例如，我们听一个人的讲话，注意力集中在话的意义上，所以集中觉察的是讲话的含意。但同时，我们显然听到了讲话的单词、语音、声调，这是一些我们没有专门注意但实际上附带觉察到了的东西。波兰尼以这样的方式作了概括：

> 当我们由于注意某个另外的事物（B）而相信我们觉察了事物（A）时，我们不过是对A的附带觉察。因此我们集中注意的事物B有A的含义。我们集中注意的对象总是可辨认的，而我们附带觉察的事

物A，可能不可辨认。这两种类型的觉察互相排斥：当我们转移我们的注意力到我们一直附带觉察的东西时，它就失去了先前的意义。简言之，这就是意会知识的结构。[16]

这就好比打羽毛球，我们既意识到羽毛球，又意识到球拍和握拍子的手的感觉，但显然是以不同的方式。我们集中注意的中心是球，也附带意识了手的感觉，一旦我们有意去注意手，球就必定接不到了。

在人的认识活动中，集中的觉察和附带的觉察是同时出现的，它们组成了“觉察连续统一体”的两个“极”。

所谓“概念化”的活动主要是指通过语言表达的心智活动，“身体化”的活动则是指认知主体的非语言行为。前者比较容易理解，我们着重解释一下后者（身体化），这也是波兰尼所着重强调的。波兰尼认为，人的身体在宇宙占有特殊地位，“我们从不把自身当做客体来注意。我们的身体总是作为人理智上和实践上控制周围事物的基本工具来使用的”[17]。要认识其他对象，我们必须依赖于对我们身体的各种机能的觉察。也就是说，对我们身体的觉察，也是一种附带觉察，目的是认识其他的对象。从身体的独特的认识地位出发，波兰尼进而将附带觉察形象地描述为“内居”（indwelling）或“内化”（interiorization）。当我们对某物有了附带觉察的时候，它们在认识中的功能和我们在认识外物时身体的功能相类似。“在此意义上，我们可以说，当我们使某物作为意会认识的邻近项发生作用时，我们把它纳入了我们的身体之中——或者延长我们的身体去包含它——因而我们始终内居于其中。”[18]这是一个主客一体的过程，人通过对对象的体验将自己的个人存在内居于对象之中（身体化），同时也是将对象内化为我们的存在（身体）的一部分（概念化）。波兰尼认为，只有以身体为线索去认知对象，才“会给人以活生生的感知，而这个感知是作为主动感知的人的我们存在之本质部分”。比如庖丁解牛时，刀（相当于人的身体化的延长）在牛的骨骼间游刃，刀刃的感觉就如我们的身体对对象的直接感受。当此之时，工具就是身体的一部分，相应地，工具的效用就是我们的身体意会操持的直接结果。[19]

身体化既是意会认知方式，也是人的存在方式。在现实生活中，对一幅画的鉴赏、一项技巧的学习、人心灵的沟通，都是人意会地进行着体验、摄悟、内居等身体化操作。身体化渗透在人类生活的方方面面，它不仅关联着个人存在，而且其结果——知识的增扩最终构成人类的理智圈。[20]波兰尼说：“意会认知理论建立起从自然科学不间断地过渡到对人性的研究。通过使我——它与我——你都根植于主体对自己身体的我——我（I—Me）觉察，它填平了我——它与我——你之间的鸿沟。这代表了最高层次内居（indwelling）。”

当然，正如波兰尼指出的，“绝大多数人类行为是一种言语和身体活动的密不可分的混合体”[21]，它们构成了意会知识理论中的“心身统一体”。概念化活动和身体化活动在人的活动中成对出现，它们组成了一个活动连续统一体的两个“极”。

那么，上述两类觉察、两种活动，总共四个构件在意会哲学体系中是什么样的逻辑组合呢？我们先看一下美国哲学家吉尔的分析：

> 当集中觉察一端和概念化活动一端两极相交时，其结果是“言传知识”；当附带觉察和身体活动相交时，其结果是“意会知识”。由于每一觉察和活动是其各自一极的混合物，所以每一个知识形成也是言传和意会因素的混合物。换句话说，前面两个连续统以上述方式关联产生第三个连续统一体——知识连续体，它处于言传与意会两极之间。[22]

根据吉尔的分析，可得到如下逻辑结构图（见图4-1）。

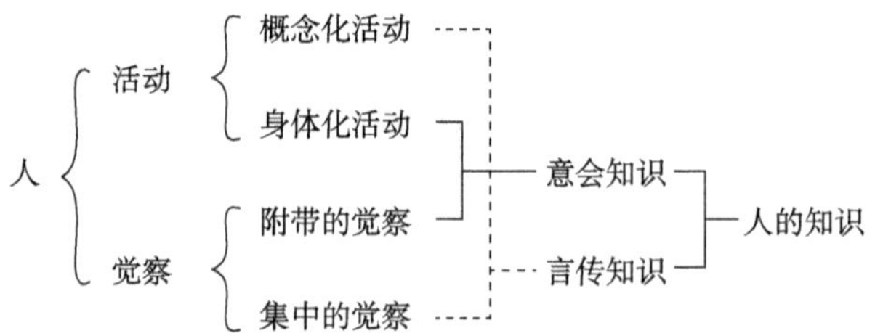

图4-1　吉尔理解的波兰尼意会哲学的逻辑

张一兵不赞成吉尔的分析，他认为在吉尔的解释中，意会知识和言传知识是并列的，只被看做个人知识的一个侧面，而不是人类理性的本质，因而是大错特错的。张一兵进一步说，吉尔的错误在于割裂了波兰尼的觉察结构，似乎集中的觉察与言传知识是一致的，而附带的觉察又与意会知识相同。他认为，波兰尼的本意是：附带的觉察和集中的觉察功能整合的意会结构整体是"超越了意会认识和言传认识的区分"，它是一切认知运转的"主宰"和本质结构。张一兵也给出了一个意会认识论逻辑结构图（见图4-2）[23]。

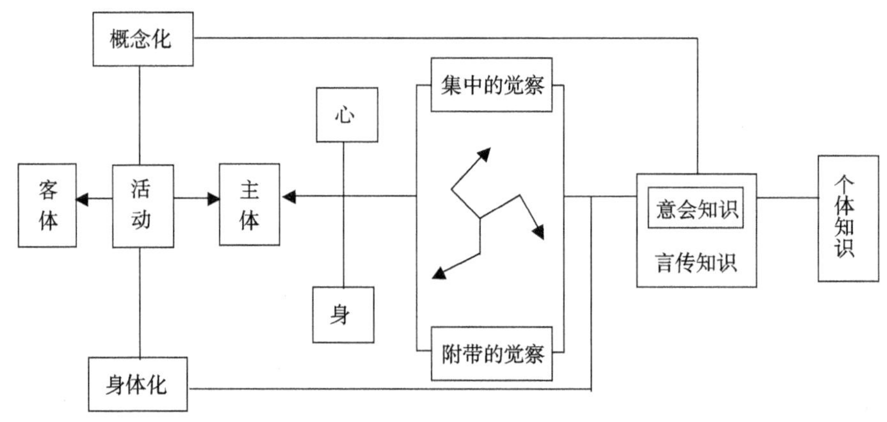

图4-2　波兰尼意会哲学的线性逻辑结构图

图4-2同图4-1主要区别有两点：一是强调了意会知识在个体知识中的核心地位；二是突出了"集中的觉察"和"附带的觉察"的动态的相互作用。我们认为，前者是符合意会知识的"逻辑在先性"的；后者也符合个体认识发展过程的一般规律。整体来说，图4-2较为合理地表达了意会认识的逻辑结构。

4.1.4 意会学说的认识论意义

根据上文的论述，这里把意会学说在认识论上的意义归纳为以下三个方面。

第一，认识论中“人”（认识主体）的突现。自17世纪科学革命以来，一种客观主义的科学观和知识观开始形成。客观主义以追求绝对的客观知识为目标，强调科学的“超然”（scientific detachment）品格，标举科学的“非个体的”（impersonal）特征。不论是经验主义还是理性主义，它们都宣称现代科学的目的就是建立一套严格客观的知识体系，任何达不到这一标准的知识都只能被当做暂时的、有缺陷的知识，并且这种知识的缺陷迟早应加以剔除，否则就应该被淘汰。人类认识、科学研究过程中的所有个体性的成分都被视为有悖于客观主义知识理想的否定性因素，即使难以彻底根绝的话，也应该尽量克服、减少。比如，逻辑经验主义者拒斥形而上学，认为认识论当专务于对科学理论作逻辑的分析；波普尔认为，“世界2”（主观精神）不是科学哲学的对象，科学哲学当专注于讨论“世界3”的内容（客观思想，如科学理论、学说等），其结果只能是“没有认识主体的认识论”。

与上述认识论倾向相反，波兰尼的意会认识论阐明了言传知识的意会根源，强调人类认识中的意会维度的优先性，指出意会认识作为人类最根本的认识能力，是和认识主体不可分离的。“如果说和完全的言传知识的理想（the ideal of wholly explicit knowledge）相联系，客观主义的知识观强调知识的非个体特征，那么，在波兰尼那里，和意会知识相联系的，是他的个体知识（personal knowledge）概念。个体知识的概念充分地表明了知识和认识个体之间的内在关系，在此意义上，我们可以说，意会知识是一种个体知识。”[24]

第二，认识论和本体论、认识和存在的统一。近代科学在“拒斥形而上学”的大旗下，一切形而上学的东西，一切所谓价值和道德观念，质言之就是所谓“意义”都被“奥卡姆剃刀”剔除干净。在这样的哲学背景之下，本体论被悬置不顾。而在波兰尼对意会认识的分析中，认识论和本体论则达到了高度的统一。波兰尼认为，在意会认识中认识和存在具有某种同构性。从认识方面来说，集中的觉察依赖于对各细节的附带的觉察，但是集中的觉察作为一种整合的结果，一种整体性的认识，不能还原为关于各部分、各细节的附带的觉察；从存在方面来说，支配综合体（关于认知对象的各种线索、细节的整体）的规律要起作用得依赖于支配各细节的规律，但前者不能化约为后者，后者不能充分地说明前者，综合体和细节处在不同的实在的等级上。所以，在波兰尼那里，意会认识论和层级化实在的本体论（ontology of stratified reality）是一气贯通的。此外，认识和存在的统一还体现在认识者的附带的觉察中。如上所述，波兰尼把附带的觉察形象地称做“内居”。而内居既是认识者的认识手段，也是他的存在方式。具体来说，如果想获得认知对象的整体认识，我们必须内居于构成它的诸细节、线索之中，波兰尼认为，这同时也是我们参与、介入世界的过程。“所有的理解都建立在我们内居于我们所把握的对象的诸细节的基础上。这种内居是我们对所把握的对象的存在的一种介入，它就是海德格尔的在世（being-in-the-world）。”[25]

第三，意会认识是由感性认识到理性认识飞跃的桥梁。按流行的认识论，人的认识可以分为感性认识（感觉、知觉、表象）和理性认识（概念、判断、推理）两种形式。感性认识是认识的初级形式，是外界事物作用于人的感官而产生的直观形式的认识。理性认识是认识的高级形式，是对事物内部联系本质的概括和反应。认识的过程，按照毛泽东在《实践论》中的论述，是“在感性认识的基础上，经过思考的作用，将丰富的感觉材料，加以去粗取精，去伪存真，由此及彼，由表及里的改造制作功夫，就会产生一个飞跃，变成理性认识”。实质上，这是一个以概念为核心的逻辑推理过程，属于言传认识。而波兰尼指出，人类完整的认知结构不仅仅只有言传知识，还应该包括灵感、直觉等形式的意会知识。在波兰尼看来，后者虽然不像言传知识那样清晰、确切，但远比言传知识丰富、含蓄。它的发现和确认，扩大了知识概念的范围，知识不再是孤立的、静态的、被动的东西，而是常常和人息息相关的、动态的、发展的东西。它为认识论的发展，特别是为揭示从感性认识到理性认识的过渡开拓了新的前景。[26]

我们知道，人的理性认识（尤其是科学上的发现发明）需要创造性思维的参与。现代创造心理学的研究表明，在人的创造性思维过程中不仅有感觉、知觉、表象、概念、判断、推理等认识手段，而且包括直觉、灵感、想象甚至幻想等意会认识手段。后者在解决复杂的、创造性很强的课题中作用更为明显，是感性认识到理性认识飞跃的桥梁和中介。

4.2 庄子的意会认识论思想

中国有悠久的意会理论研究传统，先秦时期诸子百家就注意到了“言”与“意”的问题，老子、庄子以及《周易》都作了有益的探索，形成了中国古代第一次意会认识论浪潮。在这次浪潮中，以《周易》和庄子的观点最为深刻、全面。《周易》的意会思想下一章还要涉及，这里先不作讨论，在此着重谈一下庄子的意会认识思想。

4.2.1 老子的贡献

意会论的讨论，在中国最早应该追溯到《老子》。《老子》一书开篇就开宗明义地提出："道，可道，非常道。"意思是说：能够言传的"道"，已经不是真正的"道"。由此，引发了对"只可意会，不可言传"的认识理论探讨。应该说："道家的意会论发轫于《老子》，集大成于《庄子》，老庄完成了世界上第一个经典意会认识论体系。"[27]在正式讨论庄子的意会论之前，有必要先简要介绍老子对意会论的开拓性贡献。

1. 指出"不知之知"，即意会知识的存在

我们来看看《老子》中的两段文字：

> 吾言甚易知，甚易行。天下莫能知，莫能行。言有宗，事有君。夫惟无知，是以不我知。知我者希，则我者贵。是以圣人被褐怀玉。（七十章）
>
> 知不知，尚矣；不知不知，病矣。是以圣人之不病，以其病病也，是以不病。（七十一章）

这里老子说："我写的文字易懂、易行，但天下人莫之能懂、莫之能行。了解我的人寥寥无几，能效法我的人更是难得一遇。因此圣人（的不为人了解），好比外面穿粗布衣服，怀内揣着美玉。"对"言有宗，事有君"一语，苏辙注释说："言者道之筌，事者道之迹，使道可以言尽，则听言而足亦；可以事见，则考事而足矣。唯言不能尽，事不能见，非舍言而求其宗，遇事而求其君，不可得也。"（《道德真经注》）这就解释了易知易行之言，人却莫知莫行，原因在于人们往往不识"言"背有"宗"，"事"后有"君"。用今天的话来说，就是人们没有从言传认识深入意会认知，没有从现象认知进入本质认知。而深层认知，当属"不知之知"，即非常之知。在老子这里，"知"可以分为两种：一般的知（言传知识）和恒常的知（意会知识），后者可以称为"不知之知"。

2. 提出了若干意会认识的方法

实际上，"不知之知"用老子的话说就是"道"。由于道"惟恍惟惚"

(二十一章)，“视之不见”“听之不闻”“搏之不得”(十四章)，该如何认识道呢？老子提出了下面一些方法。

(1) 观。

无名天地之始，有名万物之母。故常无，欲以观其妙。常有，欲以观其徼。(一章)

由于“道”的幽深奥妙，必须用“观”，也就是领悟、领会等意会认识方法去认识。由此可见，《老子》在开篇之处就提出了意会认识方法。

(2) 玄同。

塞其兑，闭其门；挫其锐，解其纷；和其光，同其尘。是谓玄同。(五十六章)

致虚极，守静笃。万物并作，吾以观复。(二十六章)

这几句话大意是说：要塞住(知识)穴窍，关上(知识)大门，不露锋芒，涵蓄着光耀，混同着垢尘，这叫玄同。使心灵虚寂，要切实坚守清静，万物都在生长发展，我从而观察它的循环往复。

关闭言传知识的大门，不显山，不露水，以虚静的心灵，观察大自然的循环往复，从中体验道的奥妙，即可达到“玄同”的境地。[28]

(3) 类比。

天下有始，以为天下母。既得其母，以知其子；既知其子，复守其母，没身不殆。(五十二章)

以身观身，以家观家，以乡观乡，以邦观邦，以天下观天下。(五十四章)

这是中国特色的直观主义、直觉思维或意象思维，属于意会认识的范畴。

(4) 绝学。

为学者日益，为道者日损。(四十八章)

绝圣弃智……绝学无忧。(十九章)

在中国认识论史上，老子第一次把“为学”与“为道”对立起来。从事学问，（言传知识）一天比一天增加；从事于道，（言传知识）一天比一天减少，减之又减，最后以至于“无为”。绝外学之伪，循自然之真，则无忧思。范应元说：“老氏绝学之意，是使人反求诸己本然之善，不至逐外失真，流于伪也。君子学以致其道，后世徒学于外，不求诸内，以至文灭质，博溺心，圣人有忧之，故绝外学之伪。”（《老子道德经古本集注》）绝学就是断绝言传认知的道路，免除离道越来越远的忧虑。[29]

（5）不言。

圣人处无为之事，行不言之教。（二章）

不言之教，无为之益，天下希能及之矣。（四十二章）

“道”是“只可意会，不可言传”的，所以“道”的学习和传播，都要用“不言”的方法。

（6）不行不见。

不出于户，以知天下。不窥于牖，以知天道。其去弥远，其知弥少。是以圣人弗行而知，弗见而名，弗为而成。（四十七章）

圣人不用行动（实践）就能认识事物，不用亲眼观察就能做到心明，不必有所作为就能取得成功。怎么解释呢?《文子》说：“此言精诚发于内，神气动于天也。”他认为精、神的存在，是实现“不出于户，以知天下；不窥于牖，以知天道”的根本原因。韩非指出：“空窍者，神明之户牖也。耳目竭于声色，精神竭于外貌，故中无主。中无主，则祸福虽如丘山，无从识之。故曰：‘不出于户，可以知天下；不窥于牖，可以知天道。’此言神明之不离其实也。”他的观点和文子的基本相同，认为人要关闭耳目，保持精神，才能得到知识。这其实和上述第（4）点“绝学”的内涵是一样的。

4.2.2　庄子的“不知之知”

庄子继承和发展了老子的“不知之知”思想，他提出把知识分为两类：小知和大知，并主张去“小知”，明“大知”，止于不知。特别要指出的是，庄子讲的“不知”绝不类同于老子所讲的“无知”。冯友兰把这二者的区别讲得很清楚：“‘无知’状态是原始的无知状态，而‘不知’状态则是先经过有知的阶段之后才达到的。前者是自然的产物，后者是精神的创造。”“这种后来获得的不知状态，道家称之为‘不知之知’的状态。”[30]很显然，按照庄子思想的内在逻辑，人们的认识是先有“小知”，然后通过一定的方法忘掉“小知”，最后达到合道的“真知”或“大知”。进一步说，庄子是把人们能够获得“小知”和必须先“小知”从而发现“小知”的缺陷，作为获取“大知”的不证自明的前提的。只是他认为“小知”会束缚人们对“大知”的把握，因而必须去掉。因此，可以说，庄子实际上是把认识活动规定为一个去“小知”的过程的。这就是庄子去“小知”、明“大知”的真正含义。[31]

总之，一般认为，在庄子哲学中，“知”有两个不同的含义：一是众人的知，即普通的知，可以言传、可以论辩的知，称做“小知”；二是至人的知，即“不知之知”，超越语言概念而达到的最高层次的、只可意会的知，称做“大知”。

1. 小知

庄子认为“小知”来源于人们认识器官所能接触到的认识对象，所以他说：

> 知者，接也；知者，谟也。（《庚桑楚》）
>
> 夫知遇而不知所不遇，能能而不能所不能。无知无能者，固人之所不免也。（《知北游》）

意思是说，人通过接触事物，进行思考可以有知。知晓在于遇到了什么，不知道是由于他没有遇到什么。能够做到所能够做到的，而不能够做到所不能做到的。有所不知、有所不能是人所不能免的。综合以上两句话，可以看出，庄子的所谓知是主观与对象相结合才能成立的。但客观对象是时时刻刻在发生变化的：

物之生也，若骤若驰。无动而不变，无时而不移。（《秋水》）

物之傥来，寄者也。寄之，其来不可围，其去不可止。（《缮性》）

同时，在追逐外物的过程中，主观也在不断变化：

与物相刃相靡，其行尽如驰，而莫之能止，不亦悲乎！终身役役而不见其成功，苶然疲役而不知其所归，可不哀邪！人谓之不死，奚益！其形化，其心与之然，可不谓大哀乎。（《齐物论》）

如此一来，“真理”是不可能获得的，甚至连“真理”也是不存在的。庄子这里显示出他的相对主义和不可知论者的面貌。不过，受时代、地域、教育等环境影响，普通人很难摆脱认识的片面性或者局限性，这是庄子给我们的有益启示。正如庄子所说：

井蛙不可以语于海者，拘于虚也，夏虫不可以语于冰者，笃于时也，曲士不可以语于道者，束于教也。（《秋水》）

庄子还具体指出了这种在种种束缚下形成的知识的特点：

知者之所不知，犹睨也。（《庚桑楚》）

不知深矣，知之浅矣；弗知内矣，知之外矣。（《知北游》）

这就是说，有知之知在知识中的作用是有限的，就好像是斜着眼看东西，只看其一侧，看不到整体。有知之知是肤浅的，只能停留在外表。

2. 大知

大知，是只有真人才能获得的知。庄子说：“且有真人而后有真知。”（《大宗师》）。这里的真人就是至人，《达生》有云：“不离于真，谓之至人。”至人则可以“归致其精神于无始，神游乎无何有之乡，弃小知，绝形累”[32]。

同老子一样，庄子也肯定了大知（不知之知）的存在。这里我们以《庄子》中的一个例子作说明：

轮扁曰：“……斫轮，徐则甘而不固，疾则苦而不入，不徐不疾，得之于手而应于心，口不能言，有数存乎其间。臣不能以喻臣之子，臣之子亦不能受之于臣，是以行年七十而老斫轮。”（《天道》）

在庄子看来，这种连自己的儿子也无法领会的技艺就是“不知之知”。用现在的观点来看，也就是意会知识。

那么，“不知之知”有什么特点呢？

（1）不可言说。这是其最基本的特点。

我们看《庄子》中的一段文字：

于是泰清问乎无穷，曰：“子知道乎？”无穷曰：“吾不知。”又问乎无为，无为曰：“吾知道。”

泰清以之言也问乎无始，曰：“若是，则无穷之弗知与无为之知，孰是而孰非乎？”无始曰：“不知深矣，知之浅矣；弗知内矣，知之外矣。”于是泰清中而叹曰：“弗知乃知乎！知乃不知乎！孰知不知之知？”无始曰：“道不可闻，闻而非也；道不可见，见而非也；道不可言，言而非也。知形形之不形乎！道不当名。”无始曰：“有问道而应之者，不知道也。虽问道者，亦未闻道。道无问，问无应。无问问之，是问穷也；无应应之，是无内也。以无内待问穷，若是者，外不观乎宇宙，内不知乎大初，是以不过乎昆仑，不游乎太虚。”（《知北游》）

这段话中的核心是泰清发出的感叹：“弗知乃知乎！知乃不知乎！孰知不知之知？”也就是说，“不知”便是知“道”，“知”便是不知“道”，有谁能明白“不知之知”呢？这里明确指出了“不知之知”就是“道”。无始对“道”

又进一步作了解说："道不可听闻，听到的就不是道；道不可眼见，见到的就不是道；道不可言说，言说的就不是道。知道有形的东西出自无形的东西吗？'道'不应当有名字。有人问道就回答的，实际是不明白道的人。问道的人本身，也是对道一无所知。真正的道无可问，问了也无可答。无可问而勉强问，是想把'无穷'问穷；无可答而勉强答，纯粹是外行的表现。以外行的态度来回答不可穷尽的问题，像这样，对外，不见宇宙远大；对内，不明'道'的原初，因此不能跨入高远，畅游太虚之境。"[33]总之，道是"不知之知"，不可以问说，只可意会，不可言传。

（2）独有性。

出入六合，游乎九州，独往独来，是谓独有。（《在宥》）

似遗物离人而立于独也。（《田子方》）

"不知之知"就是"道"。正如前所说，"道"不可问说。由此，也说明了"道"的个人性、独有性，体道者无人理解的"孤独性"。用波兰尼的话说，就是一种"个人知识"。求道需要静心净欲，独自体会。悟道也不能言传于他人，如前文论述的意会知识的特点，即"不能以规则的形式加以传递"。

（3）沉默性。

天降朕以德，示朕以默。（《在宥》）

明见无值，辩不若默。（《知北游》）

知之所不能知者，辩不能举也。（《徐无鬼》）

"不知之知"是一种内在的、沉默的知，不能说更不能辩。成玄英云："夫大辩饰词，去真远矣；忘言静默，玄道近焉。"（《庄子疏》）我们在前面提到，tacit的中文译名还有"缄默""默会"，事实上，它们倒是很好地表达了"不知之知"的这个特点。也就是说，沉默性本来就是意会知识的应有之义。

（4）审美性。

在“不知之知”产生的瞬间，主体往往获得极大的美感和精神的享受。在庖丁解牛中，庖丁“提刀而立，为之四顾，为之踌躇满志”的陶醉忘我之态就属于此。正因为如此，有人认为，美本质上就是意会认识。[34]

（5）整一性。这是其最重要的特点。

修浑沌氏之术者也，识其一，不识其二；治其内，而不治其外。（《天地》）

唯达者知通为一。（《齐物论》）

领会道的最高层次，是达到“天地与我并生，而万物与我为一”（《齐物论》）的天人合一、物我合一的境界，在这一境界，认识是一个整体，无法用概念语言分析。庄子认为，要是用概念来分解意会认识，就如同给浑沌凿七窍，“日凿一窍，七日而浑沌死”（《应帝王》）。波兰尼亦说：“意会知识的结构在理解活动中表现得极为清楚。这是一个领悟过程；把不连贯的局部理解为完整的整体。”[35]

3. 小知和大知的关系

对小知（言传之知）和大知（意会之知）的关系，刘仲林教授从六个方面作了分析。[36]

（1）大小有别。

大知闲闲，小知间间。（《齐物论》）

小知不及大知，小年不及大年。（《逍遥游》）

庄子把可言传的“知”称为小知，不可言传的“不知之知”称为大知，大知深，小知浅，大知不分，小知有别，大知宽广辽阔，小知狭隘局限，小知无法理解大知。

（2）言传为粗，意会为精。

可以言论者，物之粗也；可以意致者，物之精也。（《秋水》）

以本为精，以物为粗。（《天下》）

意会能达到物的精妙之处，是言传所不及的。庄子把道比为精，把万物比为粗，认为万物是言论可以分析的，而道只能用意会来领悟。由此可见，“知”是粗知，而“不知之知”是精知。一个完整的认识过程，总会粗精相间、相辅相成。粗是致精的必由之路。

（3）言者在意。

> 筌者所以在鱼，得鱼而忘筌，蹄者所以在兔，得兔而忘蹄；言者所以在意，得意而忘言。吾安得夫忘言之人而与之言哉！（《外物》）

渔具是用来捕鱼的，捕到了鱼便忘了渔具；兔具是用来逮兔的，逮到了兔子便忘了兔具；语言是传达各种意思的工具，意思传达到了，便忘了语言。我如何遇到忘言之人而与他谈论忘言之妙呢?

（4）以“知”养不知。

> 知人之所为者，以其知之所知以养其知之所不知，终其天年而不中道夭者，是知之盛也。（《大宗师》）

“知”与“不知”在认识主体中相辅相成，以“知”养“不知”是认识之盛的表现。

（5）不知而后知。

> 足之于地也践，虽践，恃其所不蹍而后善博也；人之于知也少，虽少，恃其所不知而后知天之所谓也。（《徐无鬼》）

“知”和“不知”的关系，就像脚和大地一样，“知”要依靠“不知之知”而达到“道”的境界。

（6）从“知”到“不知之知”。

> 闻诸副墨之子，副墨之子闻诸洛诵之孙，洛诵之孙闻之瞻明，瞻明闻之聂许，聂许闻之需役，需役闻之於讴，於讴闻之玄冥，玄冥闻之参寥，参寥闻之疑始。（《大宗师》）

这是一个由“知”到“不知之知”的深化过程，其中副墨（文字）、洛诵

（语言）、瞻明（眼见）、聂许（耳听）属“知”的范围，玄冥（深默）、参寥（寥旷）、疑始是“不知之知”的领域，两者之间的需役（行为）、於讴（叹歌）表示了由“知”到“不知之知”的转换，体行而悟，喜不禁歌。这可以说是进入“不知之知”境界的临界点，可悟大道矣！

4. 获得“不知之知”的途径

我们先来看《庄子》中的几段话：

> 视之无形，听之无声，于人之论者，谓之冥冥，所以论道而非道也。（《知北游》）
>
> 黄帝曰：无思无虑始知道，无处无服始安道，无从无道始得道。（《知北游》）
>
> 夫六经，先王之陈迹也，岂其所以迹哉！今子之所言，犹迹也。夫迹，履之所出，而迹岂履哉！（《天运》）

以上三段话分别是说：“道”并不是由感官所能够观察的；“道”是不能用思考和语言可以取得的；“道”也不可能用语言来把它告诉别人。那么，该怎样才能获得“道”这种“不知之知”呢？庄子为我们提供了以下几种途径。

（1）心斋。

> 回曰：敢问心斋。仲尼曰：若一志，无听之以耳而听之以心；无听之以心而听之以气。听止于耳，心止于符。气也者，虚而待物者也。唯道集虚。虚者，心斋也。颜回曰：回之未始得使，实自回也；得使之也，未始有回也，可谓虚乎?夫子曰：尽矣！（《人间世》）

可以看出，“虚”就是心斋，就是要求人心中无知无欲，虚灵不昧，达到“无己”（《逍遥游》）或者“丧我”（《齐物论》）的心境。没有这种心境，意会认识就不可能实现。《庄子》中有一个著名的关于心斋的故事，说的是梓庆削木为鐻的技术非常高超，鲁侯问他何以如此，梓庆说：“臣将为鐻，未尝敢以耗气也，必斋以静心。斋三日，而不敢怀庆赏爵禄；斋五日，不敢怀非誉巧拙；斋七日，辄然忘吾有四枝形体也。”

和心斋有紧密联系的另一个词是：“静”。从梓庆“斋以静心”可以看出斋的一个重要目的是“静”。“圣人之静也，非曰静也善，故静也；万物无足以铙心者，故静也。”（《天道》）庄子以水为喻说明了静的益处：“水静则明烛须眉，平中准，大匠取法焉。水静犹明，而况精神。圣人之心静乎！天地之鉴也，万物之镜也。”（《天道》）水静尚可明烛须眉，人心虚静，鉴照天地之精微与万物之玄奥，大道就不难得了。

（2）坐忘。

> 颜回曰：“回益矣。”仲尼曰：“何谓也？”曰：“回忘仁义矣。”曰：“可矣，犹未也。”他日复见，曰：“回益矣。”曰：“何谓也？”曰：“回忘礼乐矣！”曰：“可矣，犹未也。”他日复见，曰：“回益矣！”曰：“何谓也？”曰：“回坐忘矣。”仲尼蹴然曰：“何谓坐忘？”颜回曰：“堕肢体，黜聪明，离形去知，同于大通，此谓坐忘。”（《大宗师》）

这段话说明修道要抛弃有关外界的一切观念（忘掉名利、仁义礼乐的观念），进一步进入忘掉有关自我的一切观念（堕肢体、黜聪明等）。到此虚灵的精神世界，自我的精神和天地精神之间没有隔阂。这叫做“同于大通”。同于大通，就是认识道了。

徐复观曾指出：“在坐忘的境界中，以‘忘知’最为枢要。忘知，是忘掉分解性的、概念性的知识活动。”[37]这是很正确的，因为只在概念性知识中打转转，就无法突破形式逻辑的框框束缚，无法直接把握认识对象，也就不会有“不知之知”。忘知不是把知抛出体外，而是暂时忘记它，确切地说这是一个意识注意力的转移，言传知识在转移中从主导地位变为从属地位，变成“不知之知”忽略不计的成分，主体直接把握认识对象，好像忘记了“知”的存在。[38]

（3）用志不分。

仲尼适楚，出于林中，见痀偻者承蜩，犹掇之也。仲尼曰："子巧乎！有道邪？"曰："我有道也。五六月累丸二而不坠，则失者锱铢；累三而不坠，则失者十一；累五而不坠，犹掇之也。吾处身也，若厥株拘；吾执臂也，若槁木之枝；虽天地之大，万物之多，而唯蜩翼之知。吾不反不侧，不以万物易蜩之翼，何为而不得！"孔子顾谓弟子曰："用志不分，乃凝于神，其痀偻丈人之谓乎！"（《达生》）

成玄英疏曰："万物甚多，而运智用心，唯在蜩翼，蜩翼之外，无他缘虑也。外息攀缘，内心凝静……是以事同拾芥。"（《庄子疏》）孔子称赞老人承蜩时的心境是"用志不分，乃凝于神"，成玄英又疏曰："运心用志，凝神不离，故累丸承蜩，妙疑神鬼"（《庄子疏》）。承蜩老人的静思凝虑、专心致志，已达到出神发呆的地步，而其"用志不分，乃凝于神"的注意力的高度集中，正体现了庄子的悟道之法。

4.3　郭象的意会认识论

魏晋之际，中国哲学发展到了一个崭新的阶段，出现了一个重要的学术流派：玄学。玄学家争论的核心问题之一就是"言"与"意"的关系，用今天的话说，就是言传认识和意会认识的关系。这一时期，几乎所有的玄学家都参加了言与意的讨论，如荀粲、何宴、嵇康、王弼、郭象、欧阳建等，形成了中国古代意会认识论的第二次浪潮。在他们当中，郭象的"独化于玄冥之境"的认识论最具有创新性，代表了魏晋玄学的高峰，故此本书以其为讨论重点。

4.3.1 言意之辨

魏晋时期关于认识论的讨论，都是在“言意之辨”的背景中展开的，郭象的“独化于玄冥之境”的认识论也不例外。所以这里先对背景进行介绍。

1. 先秦时期言意观概貌

“言”和“意”之间的关系问题，早在先秦，即已受到许多学派的注意，或多或少有所论及。老子和庄子的观点，我们前面已有详述，不再重复。这里略举几个其他例子。

> 子曰：“书不尽言，言不尽意。”然则圣人之意其不可见乎？子曰：“圣人立象以尽意，设卦以尽情伪，系辞焉以尽其言。”（《系辞上》）

在此，“言”与“意”作为一对范畴同时出现，说明中国古代哲人已经认识到了“言”与“意”之间的张力，并且在语言无法充分表达意义的时候，提出了“立象”的方法。可以看出，中国的认识论很早就是“言—象—意”的三维结构，而不是“言”与“意”之间简单的二元对立。

> 子贡曰：“夫子之文章，可得而闻也；夫子之言性与天道，不可得而闻也。”（《论语·公冶长》）
>
> 子曰：“予欲无言。”子贡曰：“子如不言，则小子何述焉？”子曰：“天何言哉？四时行焉，百物生焉。天何言哉？”（《阳货》）

这两句话的意思是，人性和天道问题，高奥微妙，言传难及，只有心领神会才能把握。孟子也有类似观点：

> 君子所性，仁义礼智根于心，其生色也睟然，见于面，盎于背，施于四体，四体不言而喻。（《尽心上》）

孟子还说“浩然之气”，“难言也。其为气也，至大至刚，以直养而无害，则塞于天地之间”（《公孙丑上》）。

《管子》也说：

道也者，口之所不能言也，目之所不能视也，耳之所不能听也，所以修心而正形也。(《内业》)

以上是“言不尽意”的观点。先秦时期也有不少“言尽意”的观点。

如墨子说：“循所闻而得其意，心之察也。”又云：“执所言而意得见，心之辩也。”(《墨经上》)又《小取》篇云：“以名举实，以辞抒意。”可见，墨家是肯定言能表意的。不过，这些思想都缺少进一步论证。

又如荀子《正名》篇云：“辞也者，兼异实之名以论一意也。”又云：“彼名辞也者，志义之使也，足以相通则舍之矣。”“志义”即心意。荀子认为言辞是心意的工具，足以使人们思想感情彼此沟通就行。

《吕氏春秋》对言意问题提出了非常有价值的见解。《离谓》篇云：“言者，以谕意也。言意相离，凶也。夫辞者，意之表也；鉴其表而弃其意，悖。故古之人，得其意而舍其言矣。听言者以言观意也。听言而意不可知，其与桥言无择。”这里强调了“言”“意”的“表”“里”关系，言是意之表，离开了意谈言，只能造成混乱。听言的目的是得到意，因而可以得其意而舍其言，但不能得其言而舍其意。听言得不到意，无异听了一通似是而非的矫饰之语。《精谕》篇云：“圣人相谕不待言，有先言言者也。”圣人相互理解可以不用语言，因为他们的心意共鸣，有“先言之言”做基础。所谓先言之言，可能就是圣人的思想境界。[39]

总的来说，先秦时期中国的哲人已经提出了言意的问题，但并未引起普遍的注意，诸子间也无人为此争论。两汉时期是经学时代，言意之辨没有成为经学家关心的重点。这一情况直到魏晋时期才有所改变，在反经学思潮以及玄学兴起的过程中，承接老庄言意之辨的思想余绪，魏晋人开始了重新认识言意之辨的历程。

2. 论战的展开

魏晋时期，几乎所有的玄学家都参加了言与意的讨论，就其学术观点而言，按照汤一介的说法，可以分为三派："如张韩有《不用舌论》，以言语为无用；言尽意派，如欧阳建有《言尽意论》，主张言可尽意；得意忘言派，如王弼、郭象、嵇康等均属之。"[40]从实质上看，这三派归纳起来就是两派，即"言不尽意"派和"言尽意"派，无非是有的观点比较极端罢了。

"言不尽意"论讲语言符号与形上事物之间的能指和所指关系，强调言意之间的分离性和不一致性，认为语言符号不能完全表达和指称形上本体一类抽象事物，是中国意会认识论的理论代表。"言不尽意"派人才济济，阵容强大，主要人物有荀粲、何晏、嵇康、王弼、郭象等。

荀粲（约209—238）是魏晋时期最先思考言、意关系的思想家，是位言辞激烈的"言不尽意"论者。

> 粲诸兄并以儒术论议，而粲独好言道。常以为子贡称夫子之言性与天道不可得闻，然则六籍虽存，固圣人之糠秕。粲兄俣难曰：易亦云，圣人立象以尽意，系辞焉以尽言，则微言胡为不可得而闻见哉。粲答曰：盖理之微者，非物象之所举也。今称立象以尽意，此非通于意外者也。系辞焉以尽言，此非言乎系表者也。斯则象外之意，系表之言，固蕴而不出矣。（《荀粲传》）

荀粲嘲讽汉代以来的经学执着于经典的文本语言，并未领悟儒家的真精神，只不过得"圣人之糠秕"。他认为儒家最本质的"性与天道"实际上被淹没在烦琐支离的章句训诂之中。他进而对《易经·系辞》所说"圣人立象以尽意"的说法提出异议，指出至理之微妙，言和象均不能表达，"象外之意，系表之言，固蕴而不出矣"。荀粲站在坚定的道家立场上评六经，表现出一种极端的言不尽意论。

何晏（193—249）也是较早重提言意问题的。他的思想倾向是“贵无”，所以他对言意的看法往往和“无”交织在一起。《列子·天瑞篇》张湛注引何晏《道论》云：

> 有之为有，恃无以生；事而为事，由无以成。夫道之而无语，名之而无名，视之而无形，听之而无声，则道之全焉。

何晏将“无形”“无名”之道视为万物存在的本体和根据，“道”是不可言语、不可称谓的。也就是说，语言在“道”面前有很大的局限性。进而，何晏提出了“言不尽意”的观点。他说：

> 知者，知意之知也。知者，言未必尽，今我（之）诚尽。（《论语集解·子罕章》）

据说嵇康（223—262）写了一篇文章，名字就叫《言不尽意论》。但该文散佚，无法得知其全貌，这也许就是汤一介没有把“言不尽意”列为“言意之辨”中一个派别的原因。不过，嵇康的观点在他的其他著作中可略见一斑。在《声无哀乐论》中他指出“推类辨物”，“当先求之自然之理。理已定，然后借古义以明之耳”。认识事物先要自己体会，然后再用书本知识（古义）说明之，而不能颠倒。他批评时人“未得之于心，而多恃前言以为谈证”。他指出“况乎天下微事，言所不能及，数所不能分，是以古人存而不论”（《难宅无吉凶摄生论》）。因此他们认为，“知之之道，可不待言”（《声无哀乐论》）。在“言不尽意”的基础上，嵇康还提出了“得意忘言”的观点，“吾谓能反三隅者，得意而忘言”（《声无哀乐论》）；另有四言古诗云：“嘉彼钓叟，得鱼忘筌，郢人逝矣，谁与尽言。”这正是庄子观点的再现。

相对于“言不尽意”派的强大阵容，“言尽意”派显得势单力孤。持“言尽意”观的主要人物有欧阳建、裴頠等。

欧阳建（269—300）的《言尽意论》重点阐述了名、言与物、理的关系。他说：“名之于物，无施者也；言之于理，无为者也。”物与理先在于名言，而名言不过是物理之标志，因而“名逐物而迁，言因理而变”，名言与物理的绝对同一，就像“声发响应，形存影附”，所以他的结论便是“苟其不二，则言无不尽矣”。

不过，欧阳建这里谈的“仅是名言与物理的简单逻辑关系，没有深入涉及有限的名言与无限的自然道体以及理性的语言形式与非理性的思维意识之间存在的不可超越的矛盾，以此反驳言不尽意论，自然不能切中肯綮”[41]。

裴頠（267—300）著《崇有论》，以正风教自任，痛斥“贵无”派的虚无放诞，并明确提出，“（君子）立言，在乎达旨”。这可以看做欧阳建《言尽意论》的现实注脚。

总的来看，荀粲和欧阳建可以说是两个极端的代表，一个主张彻头彻尾的“言不尽意论”，另一个主张彻里彻外的“言尽意论”，二者虽各有道理，但偏颇之处也很明显。

而王弼（226—249）则在上述两个偏向之间找到了立足点，他继承了《周易》言—象—意的思维方法，明确阐述了“得意忘言，得意忘象”的理论。

> 夫象者，出意者也，言者，明象者也。尽意莫若象，尽象莫若言。……然则忘象者乃得意者也，忘言者乃得象者也。得意在忘象，得象在忘言。（《周易略例·明象篇》）

我们知道，得意忘言本庄子命题，庄子重得意，故得意之后名言可废。王弼与庄子不同之处在于，他重点强调的是如何得意。所以王弼的“得意忘言”便包含如下三个层次：一是从逻辑上讲言可尽意，二是若执着名言则不能尽意，三是不执名言而重体认则可尽意。他的结论便是“忘象以求其意，义斯见矣”[42]。

4.3.2 “独化于玄冥”

王弼“贵无”思潮，因魏晋之交政局险恶而一度平歇。直到元康年间

(291—299)，王戎主政，玄风又起。但真正在理论上远超王弼而又能别开生面者，只有向秀与郭象。这里主要介绍郭象的相关思想。

1. 独化

郭象（252—312），字子玄，河南（今洛阳）人。魏晋时期著名玄学家，代表作是《庄子注》。郭象是魏晋玄学的集成者和终结者。他之所以在玄学中有如此的地位，关键就在于他提出了既不同于王弼的“无”本论和裴頠的“有”本论，但又能融合二者的“独化”论。“独化”论是郭象哲学体系的核心，其“玄冥”认识论也是建立在这一理论基础之上的。

关于“独化”的含义，郭象在对《庄子·齐物论》中“罔两问景”一段作注时有集中论述：

> 世或谓罔两待景，景待形，形待造物者。请问夫造物者有耶？无耶？无也，则胡能造物哉？有也，则不足以物众形。故明众形之自物，而后始可与言造物耳。是以涉有物之域，虽复罔两，未有不独化于玄冥者也。故造物者无主，而物各自造。物各自造而无所待焉，此天地之正也。……无既无矣，则不能生有；有之未生，又不能为生，然则生生者谁哉？块然而自生耳。

所谓“罔两”指影子外的淡薄阴影。世人说，罔两是靠影子产生的，影子是靠有形物体产生的，有形物体是靠造物者产生的。郭象反问道：“请问夫造物者有耶？无耶？无也，则胡能造物哉？有也，则不足以物众形。”也就是说，“无”是由人的理性抽象出来的存在物的一般性；而“有”则是由人的感官所把握到的个别性，前者与存在物的个别性即感性具体性相脱离，后者则与存在物的共性即一般性的普遍本质相脱离。所以，它们均不能说明存在物为什么存在的问题。怎么办？郭象把哲学的沉思转向了万物本身，提出了万物“块然自生”的“独化”理论，认为“凡得之者，外不资于道，内不由于己，掘然自得而独化也”（《大宗师注》）。

对于“独化”论的运思理路，郭象又进一步作了解释。郭象认为：“若责其所待，而寻其所由，则寻责无极。卒至于无待，而独化之理明矣。”（《齐物论注》）意思是，如果要寻找事物赖以产生的依据和根源，则推上去永无穷尽，无所结果，必然得出事物是自己产生和自己变化的“独化”之理。所以郭象说：“天机自尔，坐起无待。无待而独得者，孰知其故，而责其所以哉?”（《齐物论注》）这说明，独化的道理是在由近及远、由浅及深地寻根问源，无穷无尽的上溯推导中显现的，且因找不到万物产生的总源头，而不得不作出万物由“独化”而来的结论。在推理方法上用的是反证法。[43]

2. 玄冥

为了充分解释“独化”论，郭象又推出了“玄冥”的概念。郭象认为：“是以涉有物之域，虽复罔两，未有不独化于玄冥之境者也”（《齐物论注》），“神器独化于玄冥之境”（《庄子序》）。

康中乾指出，当郭象认为存在物的存在实质在于“独化于玄冥之境”时，他正好不自觉地自觉为存在物找到了真正的本体。这里的关键就在于郭象肯定了存在物之存在在本质上的“独”与“化”的内在统一性。康中乾认为，这种规定性是个自本自根的存在，是有逻辑自洽性的存在，它的存在就是所是和所以是、所然和所以然的有机统一，它的存在的自然状态恰好就是它的存在的必然根据。这种规定性才是存在物之存在的真正本体。郭象所说的“掘然自得”“块然自生”“欻然自尔”“卓尔独化”“诱然皆生”“历然莫不独见”“莫不自尔”“泯然无迹”等，都是对存在物的这种规定性的描述。这种描述已不是抽象的逻辑定谓，而正是一种意会的、非语言的、审美的观照。

本体论决定认识论。与“独化”本体论的上述特征相对应，对“独化”的认识就是意会的、非语言的、直观的，它是一种准审美式的认识，是一种齐物我、齐是非的“天人合一”的境界。郭象的认识论要把握住的正是这种境界。他说：“物有自然而理有至极，循而直往，则冥然自合”（《庄子·齐物论注》），“言意之表，而入乎无言无意之域，而后至焉”（《庄子·秋水注》）。

郭象认为，从“独化”的角度来审视事物的话，它们的存在是一种“玄冥之境”“不知所以因而自因”“各自生而无所出”（《庄子·齐物论注》），是“掘然自得”“块然自生”“欻然自尔”。对这样一种境界或状态，用通常的认识方法是无法把握的，如果通常的认识是知，那么此种认识就是“不知”，即以不认识为认识的认识，这就是郭象所主张的“以不知为宗”（《庄子·大宗师注》）。所宗的不是通常的知，而是一种意会的、审美式境界，“物来乃鉴，鉴不以心”（《庄子·应帝王注》），“圣人之心若镜，应而不藏”（《庄子·齐物论注》）。这时的人处在一种“忘己”“无我”“性足自得”“乐命自愉”的悦神悦志的境中。[44]

那么，人怎样才能进入“玄冥”之境呢？总的来说是“内放其身，外冥于物，与众玄同”（《大宗师注》）。具体地说，首先要去知寡欲，净化心灵。郭象说“知以无涯伤性，心以欲恶荡真”（《人间世注》）。所以，“常以纯素守乎至寂而不荡于外，则冥也”（《刻意注》）。否则“已乱其心于欲，而方复役思以求明，思之愈精，失之愈远”（《刻意注》）。其次，摆脱言传知识的束缚也很重要，庄子称为“坐忘”，郭象赞同，并有所发展。郭象说：“夫坐忘者，奚所不忘哉！既忘其迹，又忘其所以迹者，内不觉其一身，外不识有天地，然后旷然与变化为一体而无不通也。”（《大宗师注》）他认为“用知不足以得真”（《天地注》），言传知识不能把握真实，所以“由知而后得者，假学者耳，故浅也”（《知北游注》）。[45]

3. 寄言出意

王弼等人的“言不尽意”“得意忘言”观都似乎过于强调了言意的对立，针对这一偏向，郭象提出了“寄言出意”的观点。“寄”，即寄托。“寄言出意”，就是寄旨于言而在出意，寄言是手段，出意是目的。郭象有一段名言：

> 夫言意者有也，而所言所意者无也。故求之于言意之表而入乎无言无意之域，而后至焉。（《庄子·秋水注》）

言是名言文字之类，可以写在书上，发之口上，凭感官可以识之，故可称“有”。言之所指为意，可由言而明之，故亦可称“有”。从这层意义上说，郭象的说法颇类似于西方所言“能指”“所指”的理论。但“所言所意”并不为言意本身所蕴含，言意仅是它的象征，相对于言意为“有”来说，它可以称为“无”。“所言所意”虽然为“无”，属“言意之表”的抽象之理，但依据“有”所指示的方向，未必不可以通过意会、联想的功能而得之。这就是郭象“寄言出意”观的内涵。

“寄言出意”是郭象建立其哲学体系的根本方法。汤一介指出，郭象用上述方法注庄子，建立其思想体系可以说有三个步骤：①用“寄言出意”的方法撇开庄周原意，肯定周、孔“名教”不可废弃。②用“寄言出意”的方法，形式上是肯定周、孔“名教”，实质上是宣扬老、庄“自然”。③用“寄言出意”的方法，齐一儒道，调和“自然”与“名教”，发明其玄学新旨。[46]

按照“玄冥”之境的本意，本不需要通过语言出意，心领神会即可。但是，若得道之人都沉默不语，后人如何知道他们的观点主张，又怎样传播大道呢？所以，为了解决这一矛盾，玄学家们不得已采取了“寄言出意，得意忘言”的方法。也就是说，“寄言出意，得意忘言”都还得借助于“言”，从这个意义上讲，他们确实不如后来禅宗之“不立文字”来得干净彻底。

总的来说，在魏晋“言意之辨”中，“言不尽意”论要比“言尽意”论更占主导地位。这场论争不仅为佛教的本土化开辟了广阔的道路，而且为中国传统哲学由宇宙生成论到形上本体论的转变提供了方法论的指导。特别是“得意忘言”和“得意忘象”论的提出，对中国“意象思维”的理性建构产生了深刻的影响。而“言意之辨”之所以能够在中国思想文化史上产生如此巨大的作用，盖在于它以“言不尽意”论和“得意忘言”论的形式，实现了本体论和方法论的自觉，铸就了中国传统哲学重意会、直觉的思维特质。

4.4　禅宗的意会认识论

“禅宗是中国化的佛教宗派。禅宗是在佛教中国化的过程中逐渐形成并发展起来的。”[47]禅宗在中国化的过程中继承印度佛教的意会方法，又借鉴中国儒家、道家的意会思维，对意会与语言的关系作了独特的阐发，发展和丰富了意义认识理论。我们认为，禅宗的意会认识论主要内容包括三个方面：一是“不可说”；二是“不立文字”；三是“顿悟”。佛法本质上是不可以言传、不可执着的，因而“不可说”。因为佛法“不可说”，也就无须“立文字”，而只能通过意会（顿悟）的方式才能参悟和传播。这样，三者就构成了完整的意会认识论体系。下面对它们分别作以介绍。

4.4.1　“不可说”

禅宗的终极关怀是明心见性。所谓“明心”，主要有两层意思：一是自识本心有佛，本心即佛，“菩提只向心觅，何劳向外求玄”（《坛经·疑问品》）；二是由了知自心本来清净、万法尽在自心而自净其心，念念无著，还得本心。“见性”这个概念亦有两层意思：一是了悟、彻见之义，即自见自心真如本性，自见本性般若之知；二是显现义，即通过净心、明心而使自心本性显现出来。识心即能见性，见性即成佛道。[48]因此，从根本上说，明心见性是一回事。这里的“明”与“见”指的是人的一种证悟，是佛教所特有的“现观”“亲证”，它追求的是心灵超越的主观感受。这种感受不以任何言语概念或思维形式为中介，因而是不可说的。

禅宗（主要指慧能一系）的基本理路是“教外别传，不立文字，直指人心，见性成佛”，就是说禅意不能通过语言文字来表达，而是要直接地以心传心。在禅宗看来，“语言文字不具有实体性、真实性、指代性、权威性，并不能传达禅意，甚至还可以说是传递禅意的障碍”[49]。对此，方立天解释说：“主体的内在心性、纯主观的心理体验是语言文字难以传递的；宇宙实相，佛法真理是语言文字无法表达的；禅悟的终极境界是语言文字无法表述的，在这些方面语言文字都是无能为力的，甚至是一种障碍。”[50]当然，禅宗“不立文字”不是说不要文字，更不是说取消文字，而是不执着文字。

禅宗有很多公案说的就是这个“不可说”的禅。比如，有人问云门禅师：“如何是佛？”云门答：“干屎橛。”问：“如何是祖师西来意？”云门答：“日里看山。”问：“如何是清净法身？”云门答：“花药栏。”问：“如何是佛法大意？”云门答：“西南看北斗。”（《五灯会元》卷十五《云门文偃禅师》）这些看似随便乱说，让“丈二和尚摸不着头脑”的回答，倒不是禅师故弄玄虚，而是由于禅不可说的本质决定的。云门禅师的随便说，正是告诉问者佛法不可说。

禅宗的这种思维方法是从《金刚经》那里学来的。《金刚经》有一个称为“金刚三段论”的句式，即“佛说——即非——是名”。这个句式在《金刚经》中反复出现，如“佛说般若波罗蜜，即非般若波罗蜜，是名般若波罗蜜；是实相者，即非实相，是故如来说名实相；庄严佛土者，即非庄严，是名庄严；凡夫者，如来说即非凡夫，是名凡夫”，等等。进一步来说，金刚三段论的理论根源，来源于《金刚经》中的一段话：“如来所说法，皆不可取，不可说，非法，非非法。”关键点是这个“说”字上，佛法在本质上是不可以言传、不可执着的，如果硬要说，说出来的东西至多只能接近和相似于禅，而且凝固的教义往往丧失了灵魂。

4.4.2 不立文字

参禅的独特方式决定了它是排斥语言文字的，所以“不立文字”也就成为禅宗的一大特色。那么，“不立文字”的内涵究竟是什么？其哲学基础又是什么呢？在禅宗里，“不立文字”是通过自宗通与说通、言与心、言与理等关系的分析而具体体现出来的。下面逐一介绍。

1. 自宗通与说通

“宗”指“宗旨”。“说”指“言说”。“通”意为“通达”。“自宗通”是通过自我内证而体悟佛教的根本旨趣，“说通”是以语言文字解说佛教的根本旨趣。[51]《楞伽经》对此二者作了具体的解释：

> 佛告大慧：一切声闻、缘觉、菩萨有二种通相，谓宗通及说通。大慧！宗通者，谓缘自得胜进相，远离言说文字妄想，趣无漏界自觉地自相；远离一切虚妄觉想，降伏一切外道众魔，缘自觉趣光明晖发，是名宗通相。(《大正藏》第16卷)
>
> 云何说通相？谓说九部种种教法，离异、不异、有、无等相，以巧方便，随顺众生，如应说法，令得度脱，是名说通相。(《大正藏》第16卷)

也就是说“宗通”是真正的大智慧，不可言说、不可思虑。但是，为了方便众生度脱，还不得不借助于“说通”，也就是教。教指的是经教、教法。教是达摩“理入”禅法的重要表现。“理入者，谓藉教悟宗。”（《楞伽师资记》引）“藉教悟宗”，就是凭借“种种教法”而证悟真理，与道冥符。“藉教”是手段，“悟宗”是目的。这种思想方法与“得意忘言”和“依义不依语”是一脉相承的。达摩系的禅法一向是“藉教悟宗”的，但到了五祖弘忍那里却发生了变化，直契心性的“自宗通”特色开始显现。而六祖慧能以后，“藉师自悟”取代了“藉教悟宗”，使得这一特色更加突出。禅宗大师往往推崇教外别传，不立文字的“正法眼藏”，即体悟正法的智慧宝藏。这样一路看来，“自宗通”与“说通”的说法，开启了禅宗“不立文字”的先河。

2. 言与心

“心”，指心灵、精神，在禅宗里指心性，即佛心、佛性。禅悟是不可说的，这样就使禅悟者之间的交流也不能通过平常的方式进行。我们先来看这个著名的“拈花微笑”的公案：

> 世尊在灵山会上，拈花示众。是时众皆默然，唯迦叶尊者破颜微笑。世尊曰：吾有正法眼藏，涅槃妙心，实相无相，微妙法门，不立文字，教外别传，付嘱摩诃迦叶。（《五灯会元》卷一《释迦牟尼佛》）

佛祖手拿一朵花，一言不发，迦叶虽开悟也只是微笑，并无半句话，正可谓心心相印。奥妙的佛旨在无言中便从佛祖的心传到了迦叶的心，禅意，就这样在拈花微笑间产生了。“不立文字，教外别传，直指人心，见性成佛”的禅宗佛道，是以心传心、只可意会而难以言传的，关键就在于一个“悟”字。这种个体心灵之间传递佛教经验、佛教真理，其间逻辑地包括了这样两项规定[52]，一是“以心传心”只存在于“我与他”的沟通；二是佛教经验、佛教真理，不能离开心灵而存在，离开心灵的经验、真理是不存在的、无效的。这里也可以看出禅悟属于真正的“个人知识”，禅悟者之间的交流是“不能以规则的形式加以传递”的。

禅宗有不少的语录都谈到了心灵与言语问题。比如，大珠慧海禅师说：“经是文字纸墨，性空，何处有灵验？灵验者，在持经人用心，所以神通感物。试将一卷经安著案上，无人受持，自能有灵验否？”（《越州大珠慧海和尚语》）意思是说，经典本身只是文字和纸墨的综合物，本身并无灵验，不要执着于经典中的文字，要成正果，只能通过内心的体验和感悟。

3. 言与理

慧能认为，佛性之理与文字毫无关系，机械地诵读经典，并不能获得真理。《曹溪大师别转》中记载有这样一件事：有一个比丘尼虔诚信佛，常诵读《涅槃经》，但始终对经中义理不甚了了。于是她转求于慧能。“尼将经与读，大师曰：‘不识文字。’尼曰：‘既不识字，如何解释其义？’大师曰：佛性之理，非关文字；能解，今不识文字何怪？”我们知道佛法是心灵的感悟，不是推理的知识，因此就不能从词语的理解、概念的分析去寻求佛法。佛法真理的获得不是依靠理性的推论，而是依赖个人的亲证和体验。

慧能关于言与理的思想在禅宗后学那里得到了继承和发展。其中比较有特点的是大珠慧海禅师，他结合中国传统的“得意忘言”的意会观念来阐明意与言、理与教的关系：

> 得意者越于浮言，悟理者超于文字，法过言语文字，何向数句中求；是以发菩提者，得意而忘言，悟理而遗教，亦犹得鱼忘筌，得兔忘蹄也。[53]

4.4.3　顿悟

佛法本质上是不可说的，只能通过顿悟（意会）的方式才能参悟。那么，什么是顿悟？有哪些特点？怎样可以获致顿悟？下面作以简要介绍。

禅宗的顿悟学说，是“立无念为宗，无相为体，无住为本”（《坛经·定慧品》)。慧能解释说:“无相者,于相而离相;无念者,于念而无念;无住者,人之本性。”“外离一切相,名为元相。能离于相,即法体清净,此是以无相为体。”这里的离一切相,包括离各种物相(可闻可见的现象)和名相(名词概念),确切地说是超越这些“相”,而达到一种实相(无相之相)的境界。

顿悟之要,讲一个“直”字。这个直字,浓缩了顿悟的诸特点:一是顿悟的直接性。不凭借任何语言或方法为中介,没有阶段步骤,用己心“直了成佛”。二是顿悟的瞬时性。“迷闻经累劫,悟则刹那间”(《坛经·般若品》),“到如弹指,便睹弥陀”(《坛经·疑问品》)。三是顿悟的整体性。一切即一,一即一切,一真一切真,“一念愚即般若绝,一念智即般若生”(《坛经·般若品》),“前念迷即凡夫,后念悟即佛;前念著境即烦恼,后念离境即菩提”(《坛经·般若品》)。四是顿悟的心境特点。“念念见性,常行平直”(《坛经·疑问品》),“心若险曲,即佛在众生中,一念平直,即是众生成佛”(《坛经·咐嘱品》)。[54]

获致顿悟的途径有哪些呢?这里结合洪修平、方立天等学者的相关论述作一整理。

(1)圆相。所谓圆相就是用笔墨画圆,或用手指、拄杖在空中或地上画圆,这是五家禅中创立最早的沩仰宗经常使用的一种度人方式。例如,“如何是祖师西来意”是沩仰宗人经常参的一个话头。一天,有人以此问沩仰宗大师仰山,仰山即以手于空中作圆相,圆中写一佛字。沩仰宗以后,曹洞宗、法眼宗也发展了以圆为基础的各种形象,成为相对不可以言传、只可意会的确定符号。

(2)棒喝。棒,就是棒打;喝,就是呵斥。禅宗史上常以棒喝为教的是德山宣鉴和临济义玄,有“德山棒如雨点,临济喝似奔雷”之说。德山平时遇到僧众,不论他们说了什么,往往挥棒就打,所谓“道得也三十棒,道不得也三十棒”（《五灯会元》卷七）。在德山看来，只要一有语言，禅理就会被抽象化、分别化为符号，会妨碍自我心灵的体验。棒打就是使参学者惊醒，转向自心，见性成佛。而在义玄那里，不仅有棒打，还有呵斥，其功能与目的也是要人不落言诠，转迷为悟。此外，经常使用棒喝的还有云门等宗。

（3）体势。由于“词不达意”，言即远禅，一些禅师就用肢体语言来表达禅意。比如，有一次，沩山坐在那里，仰山人来，沩山以两手相交示之，仰山作女人拜。沩山道：“如是！如是！”（《五灯会元》卷九）禅宗的体势还有很多，如扬眉瞬目、拳打脚踢、拈槌竖拂、举一指等，随不同场景灵活使用。禅宗的体势含有象征性、暗示性的意义，是在“不立文字”旨趣制约下禅的思想、情感、经验的交流方式。

（4）触境。“境”是外界事物。禅宗认为“境由心造”，因此见境即见心，心悟可以通过触境来获得。禅门常讲“触类是道”“触境皆如”“是境作佛”，都是触境开悟法门的总结。有一次，兴善惟宽禅师的弟子问他：“如何是道？”师曰：“大好山。”曰：“学人问道，师何言好山？”师曰：“汝只识好山，何曾达道？”（《五灯会元》卷三）在惟宽看来，山河大地，一草一木，都是佛道，禅者应该在日常生活中触境悟道，切不可就山论山，就道论道。

（5）默照。默，静默专心打坐。照，即照鉴、照见，以智慧照见自身的灵知心性。坐禅打坐是禅修的基本方式，长期以来为中国禅僧所奉行。最典型的例子是达摩，传说他曾打坐了十个年头。到了慧能那里，由于他强调性净自悟，不求修禅的形式，打坐就不再是禅修的主流。到了宋代，由于曹洞宗宏智正觉禅师提倡默照禅，打坐才又在一定范围内重新流行。宏智正觉禅师视默照禅如同道家所讲的“至游”，说：“道人至游，了无方所。何辨从来，何求止住。去来迹绝，言诠句灭。”（《宏智正觉禅师广录》卷八）就是说，在坐禅直接观照时，神乎其中，可以灭尽言诠，排除语言的干扰作用。如此，即可以超出凡夫流转世界、获得解脱。

禅宗是在吸收印度佛教，中国的儒、道、玄学和其他佛教宗派思想成果的基础上形成的，是综合创新的重大成果。禅宗的创新体现在“教外别传，不立文字，直指人心，见性成佛”一语中，所以禅宗精华不在理论表述上，而在亲身体验的实践中。正是禅宗百花齐放的实践方法，把中国意会认识论推向了一个新的高峰。

小　结

本章第4.1节对波兰尼的意会认识论进行了较为全面的介绍。首先讨论了什么是意会知识并对其基本特征进行了分析，然后探讨了意会知识的逻辑在先性、分析了意会认识的逻辑结构，最后评价了意会理论的认识论意义。波兰尼的意会认识论表明西方学者已经认识到，只有逻辑分析能力并不能产生创造力，创造需要“只可意会，不可言传”的直觉、审美能力等。对于意会认识及其功能特点，有学者还从心理学和脑科学等方面进行了研究，限于篇幅本书没有作介绍，拟待后续工作来完成。

本章第4.2节分别详细介绍了庄子、郭象和禅宗的意会理论，同时也用一定的篇幅介绍了相关的背景知识，如老子的意会思想、“言意之辨”等。通过分析研究，可以看出，中国文化中的意会认识理论是非常丰富而深刻的，其中一些意会认识的方式方法对于人提高创造力也颇具启发意义。这是一个既有理论意义，更具现实意义的领域，值得作进一步的深入研究。

中国的意会认识理论起源早，涉及领域广，参与讨论的人也非常多，还有不少哲学家都有深刻的见解，比如成玄英的“重玄”认识论、陆王心学。由于时间有限，暂不能一一介绍，也留待后续工作来完成。

一些人认为中国古代没有认识论，但通过了解波兰尼的意会认识论，同时深入地研究传统文化，我们可以自豪地说，中国古代不但有认识论，而且历史更久远、内涵更深刻。

从更广的文化范围来讲，“道”是中华文化的总追求，其认识论基础就是意会认识论。学习掌握东方文化，弘扬发展其精华，就必须认真了解和研究意会认识理论。

注　释

[1][15] POLANYI M. Knowing and being[M]. Chicago:The University of Chicago Press, 1969:138,144.

[2][27][28][29][33][36][38][39][43][45] 刘仲林.新认识[M].郑州:大象出版社,1999:2,29,37,34,40,43,47,54,76,79.

[3][8][9] 迈克尔·波兰尼.个人知识——迈向后批判哲学[M].许泽民,译.贵阳:贵州人民出版社,2000:102.

[4][12][13] POLANYI M. The study of man[M].Chicago:The university of Chicago Press,1959:12.

[5] 石中英.波兰尼的知识理论及其教育意义[J].华东师范大学学报:教育科学版,2001(6).

[6] 刘景钊.意会认知结构的心理学分析[J].山西青年管理干部学院学报,1999(1).

[7][17][19][23] 波兰尼.科学、信仰与社会[M].王靖华,译.南京:南京大学出版社,2004:序.

[10] 郭芙蕊.意会知识与科学认识模式的重建[J].自然辩证法研究,2003(12).

[11][16] POLANYI M. Personal knowledge[M].London:Routledge,1958:118,2.

[14][18][24][25] 郁振华.波兰尼的意会认识论[J].自然辩证法研究,2001(8).

[20] 李弘毅.波兰尼意会理论的深层内涵及其意义[J].南京社会科学,1997(12).

[21][22] 吉尔.刘仲林,李本正,译.裂脑和意会知识[J].自然科学哲学问题,1985(1).

[26] 刘仲林.认识论的新课题——意会知识——波兰尼学说评介[J].天津师范大学学报,1983(5).

[30] 冯友兰.中国哲学简史[M].北京:北京大学出版社,1996:102.

[31] 邓名瑛.明于“大知”的认识论——兼析对庄子哲学的两个误解[J].船山学刊,1997(1).

[32] 方东美.原始儒家道家哲学[M].台北:黎明文化事业公司,1983:243.

[34][35] 高帆,谭希培.论意会认识[J].长沙电力学院学报:社会科学版,1994(1).

[37] 徐复观.中国艺术精神[M].台湾:"中央"书局,1966:73.

[40][46] 汤一介.郭象与魏晋玄学[M].武汉:湖北人民出版社,1983:7,236.

[41][42] 贾占新.言意之辨与魏晋学术的分流:下[J].河北大学学报:哲学社会科学版,1998(6).

[44] 康中乾.对郭象"独化"论的一种诠释[J].中国哲学史,1998(3).

[47][48] 洪修平.禅宗思想的形成与发展[M].修订本.南京:江苏古籍出版社,2000:绪论,295.

[49]~[53] 方立天.中国佛教哲学要义[M].北京:中国人民大学出版社,2002:1115-1120.

[54] 石峻.中国佛教思想资料选编:第二卷第4册[M].北京:中华书局,1981:200.

第5章　象数思维

人类的知识大致可以分为言传知识和意会知识两大类型，与此相对应，人类的思维也分为两大类，即建立在言传认识基础上的概念思维，以及建立在意会认识基础上的意象思维。[1]中国传统文化擅长意会认识，由此也决定了中国古代意象思维的高度发达。

事实上，中华文化思维的主线就是意象思维。作为《易经》和原始儒、道思维集大成者的《易传》又是中华传统思维的代表。[2]《易传》意象思维的实质是“立象尽意”（《易传·系辞上》）。因此，意象思维也可以称做“象思维”“形象思维”“取象思维”等。总之离不开一个“象”字，这里的“象”不仅指卦象、物象，还包括因象而生的“数”，所谓“象数相依”（王夫之语）是也。在此意义上，“立象尽意”思维也可称为“象数思维”。

本章讨论中国传统意象思维，是追本溯源、抓住主线，以《周易》象数思维为例来展开的。

5.1　象数思维的基本理论

象数思维是一种特殊思维方式，在思维过程中，离不开卦象和爻象。象数思维的目标是“立象尽意”，它有着和概念思维迥然不同的运思方法。

5.1.1　立象尽意

前面提到，《易传》意象思维的实质是“立象尽意”，相应地它也就成为象数思维的核心。

《易传》的“立象尽意”思想在上一章讨论先秦言意观时就有提及，其基本观点是“言不尽意”，与老庄等人言意观的倾向是相同的。不同点在于，《易传》不是单纯地谈“言”论“意”，而是又提出了“象”的概念参与其中，形成了“立象尽意”的观点。下面就其内涵作具体的讨论。

1.“立象”的必要性

先来看《易传·系辞上》的这句话：

> 子曰：“书不尽言，言不尽意。”然则圣人之意其不可见乎？子曰：“圣人立象以尽意，设卦以尽情伪，系辞焉以尽其言。”

在这里，《易传》借助于“子曰”的方式提出了“言不尽意”的问题。然后发问：“既然这样，圣人的意思就无法表现出来了吗？”有学者指出，这个疑问暗含着人民不能了解圣人之意而产生的恐慌。圣人显然是意识到他们的恐慌，就以“立象”的方式给他们以启示。

按照现代传播学的观点，《易传》的言意观可作如下解释：从传达者的角度讲，是意—象—言；从接受者的角度讲，是言—象—意。处在中间的“象”就是一个媒介系统，是构成言意关系所不可缺少的。

而且现代心理学的研究也证明了人的思维过程中“象”的存在。多数心理学家认识到，在感知觉与逻辑思维之间，存在着一个中间环节。他们用来指称这一环节的术语，英文为“image”，中文或译为“意象”，或译为“表象”。比如，克雷奇（Krech）等指出，当一个人思考问题时，构成其经验的有两种不同的心理元素：第一种是关于物理世界中此时此地那些物体的知觉，它们构成我们所要解决的问题的各种情景，如高的栅栏、锁着的门、空的衣裳、哭着的孩子、长的数目字表等。第二种是关于当时不在我们物理世界中的一些物体的意象。如当我们要描写自己儿时住过但早已倒塌的房子时，俨然看见它，这就是一种记忆意象。又如一位作家当他琢磨着下一个情节时，俨然看到他的主角，尽管这个主角从来没有而且永远也不会在地球上出现，这就是“一种创见意象”。这说明，意象可以大致分为两类，一是记忆意象，即一种含有参照依据的再造性想象；二是创见意象，即一种含有前所未有新成分的创造性想象。[3]

总之，《周易》认识到，不论是意义的传达，还是意义的理解、接收都要借助于“象”，这充分显示了古人高超的理论智慧。“立象尽意”是《周易》的思维主线，也是中国传统思维的主线。中国传统思维被称为“象思维”或“意象思维”，根源就在这里。

2. “立象”的目的

圣人有以见天下之赜，而拟诸其形容，象其物宜，是故谓之象。（《系辞上》）

古者包牺氏之王天下也，仰则观象于天，俯则观法于地，观鸟兽之文与地之宜，近取诸身，远取诸物，于是始作八卦，以通神明之德，以类万物之情。（《系辞下》）

天地万物纷纭复杂，幽深玄妙，其中的深刻道理，无法用语言表达出来，圣人便用仰观俯察、由身及物的方式，把难以表达的道理借助“象”（八卦）模拟、类比表达出来，这是“立象”的首要目的。而最终目的则是“通神明之德，以类万物之情”，这是一种无法言说的“道”的境界。

3. “立象”的方法

肯定了“象”的意义和价值，那么该如何“立象”呢？《易传》的答案是：取象比类。

古者包牺氏之王天下也，仰则观象于天，俯则观法于地，观鸟兽之文与地之宜，近取诸身，远取诸物，于是始作八卦，以通神明之德，以类万物之情。（《系辞下》）

"象"（八卦）是"圣人"通过仰观天象、俯察地文、近观己身、远观诸物的方式从世间万物中抽取出来的。这既是一个比类、模拟的过程，也是一个创造过程，因为"易象"对客观事物之模拟，不仅是模仿外表，还须体现出其内在的本质和原理。关于"取象比类"，在下面一小节详谈。

4."立象"的原则

《易传》还进一步提出了"立象"的原则：简易。

> 易则易知，简则易从。易知则有亲，易从则有功。有亲则可久，有功则可大。（《系辞上》）
>
> 易简而天下之理得矣。（《系辞上》）

越简单的东西越容易被人接受，越复杂的道理越应该以最简单的方式出现。《说卦》云：

> 昔者圣人之作《易》也，将以顺性命之理，是以立天之道曰阴与阳，立地之道曰柔与刚，立人之道曰仁与义。兼三才而两之，故《易》六画而成卦。分阴分阳，迭用柔刚，故《易》六位而成章。

这里，《周易》把天地间万物高度概括为阴、阳、刚、柔、仁、义这六种基本元素，然后用阴爻、阳爻的叠加和变化（卦）来表现这六种元素的运行轨迹，从而实现对天地万物及其运行规律的把握。非常简洁，意蕴却几乎是无穷无尽的。

5.1.2 象数思维的运思方法

象数思维模式可分两大类：一是"取象"比类，即因象以明理，着眼点在"象"，可称为象学；二是"运数"比类，属"极数通变"思维途径，着眼点在"数"，可称为数学。[4]不过，由于"物生而后有象，象而后有滋，滋而后有数"（《左传·僖公十五年》），即先有"象"才有"数"，加之"天下无数外之象，无象外之数”“象数相倚”（王夫之，《尚书引义》卷四），就其实质来说，“数”仍是“象”，或者说是属于“象”的一种。有见于此，我们这里仍然把“运数”比类和“取象”比类一样作为“立象尽意”的一种推演方法。

1. 取象比类

《周易》所谓的“象”有双重意义：一是指卦象，即八卦和六十四卦符号；二是指物象，即八卦所象征的事物，天、地、雷、风、山、泽、水、火。由于象有卦象、物象两类，因而取象比类的思维方法也有两种类型，即取“卦象”以比类的运思方法和借“物象”以比类的运思方法。

（1）取“卦象”以比类的运思方法。

取六十四卦中某一卦象，首先分析它由哪两个经卦所构成，再看内卦同外卦之间的关系，然后结合内外卦所象征的物，根据人们已有的经验、知识进行运思，最后获取触类旁通的思维效果。唐明邦教授认为，《彖传》对《益》《泰》《咸》《睽》等卦象及其内涵的分析，《象传》对《剥》《师》《升》《既济》等卦象及其内涵的分析，可作为取“卦象”以比类的思维典型。这里选取《益》卦和《既济》卦为例作以说明。

益——上巽下震。巽为风，震为雷。有风雷交作、相互助益之象。《彖传》依此卦象分析，得出的结论是：“损上益下，民悦无疆；自上下下，其道大光。”这是因卦象表明，风得雷而风势愈猛，雷得风而雷声更烈，二者有相互促进作用。引申到社会上，如损抑上层执政者，使下层民众受益，下层民众会心悦诚服；上层人物能放下架子深入下层民众之中，体察民情疾苦，则其为政之道会更加光大。

既济——上坎下离。水火既济。《象》曰：“水在火上，既济。君子以思患而豫防之。”水在火上，有两种可能的结局。水势强大，则将火灭掉；反之，火势强大，则将水烧干，前途未卜，故堪忧。古人借此卦象阐发忧患意识，教人当“思患而豫防之”，防微杜渐，居安思危，不可掉以轻心、盲目乐观，否则一旦乱子出现将张皇失措。这是“因象明理”的极好启发。

（2）借“物象”以比类的运思方法。

因象明理的原则，也适用于“物象”。《周易》卦辞、爻辞，经常借种种日常见闻的“物象”，启发人们的思维，从而诱导出十分深邃的哲理。《系辞》中引用了不少卦辞、爻辞，连类引申，阐发哲学思想，予人以鲜明印象。《系辞》在引用卦爻辞中的物象时，一般并不涉及卦象，同上述着眼于“卦象”的“取象比类”方法有着区别。两种思维途径可以说是异中有同，同中有异。

比如，“负且乘，致寇至”（解・六三）——《系辞》阐述道：“负也者，小人之事也；乘也者，君子之器也。小人而乘君子之器，盗思夺之矣。”这是说小民负担货物而乘着贵族的车子，是很不相称的，极易引起盗贼注意而乘机劫夺。《系辞》进一步提出告诫：“上慢下暴，盗思伐之矣。慢藏诲盗，冶容诲淫。《易》曰：负且乘，致寇至，盗之招也。”（《系辞上》）由“负且乘”这一平常的物象，引申发挥，得出“慢藏诲盗，冶容诲淫”的精深哲理，充分显示了《周易》“取象比类”的象数思维的妙用。

再如，“履霜，坚冰至”（坤・初六）——古人认为霜乃阴气所凝。阴气初凝为霜，阴气盛则水成冰。“履霜，坚冰至”，说明足踏薄霜，当思冰天雪地的严冬将至。这一爻辞的物象变化是由霜到冰，表明由秋到冬的天气变化，有着由微到著的量的渐变过程，这一过程是符合自然变化规律的。从哲学上看，表明由霜到冰，量的积累到质的变迁过程，有其必然性，人们应对此必然性有清楚的认识，才能防患于未然，增强预见性。[5]

从以上例子可以看出，无论是取“卦象”以比类还是借“物象”以比类，都是对卦爻象的创造性的解释和发展，大大减少了其原有的占卜色彩，增加了丰富的哲理和认识论的内涵。

2. 运数比类

在《周易》里，“数”指的是“象数”。运数比类，就是运用“象数”来表达思维，描述玄妙的宇宙世界。“象数”最初的由来与卜筮有着密切的关系。“卜”是将龟甲或兽骨钻孔火烤，依据所呈现的裂纹来占断吉凶，即《周礼·春官·宗伯》所谓“太卜掌三兆之法，一曰玉兆，二曰瓦兆，三曰原兆。其经兆之体，皆百有二十，其颂皆千有二百”，其所凭借的是“兆”，即以后所谓的“象”。“筮”即“大衍之数五十”，用五十根蓍草按照特定的规则，推出阴阳正变之数（即九、八、七、六），按数以求卦，依卦断吉凶。《周礼·筮人》曰：“筮人掌三易以辨九筮之名”，可见筮法之多。“三兆之法”是按照一定的规则、程序观察所得到的兆象，神秘色彩很浓；而“三易之法”必须先得出卦数，由数及卦，由卦得象，数象相演，带有较强的推理意味。

从“龟以象而示人”发展到“筮以数而告人”（孔颖达语），可见古人思维能力已有很大的提高，在逐渐地摆脱蒙昧，走向文明。《周易》卦辞、爻辞中，不少地方已经用数来表达思维，如“先甲三日，后甲三日”“先庚三日，后庚三日”“三人行则损一人，一人行则得其友”“七日来复”等。卦爻辞用“三”来表述思想的场合特别多，如“有不速之客三人来”“归而逋其邑人三百户”“王用三驱，失前禽”“三日不食”“革言三就”“田获三品”“三年克之”“王三锡命”等，共有20余处。这可以说是“运数”思维的先导。[6]

《周易》中也已包含象数一体的思想和方法。例如，“—”、“--”爻象，前者称“九”，后者称“六”；五十根蓍草及揲蓍中的九、六、八、七则是数，六个爻的位置由下至上分别是初、二、三、四、五、上也是数。例如，《泰》卦由下而上，第一爻为初九、第二爻为九二、第三爻为九三、第四爻为六四、第五爻为六五、第六爻为上六，这种以数定象、由象和数合在一起的推断方法，就是最初的运数思维方式。

真正将“运数比类”作为一种思维方法，是从《易传》发源的。《易传》“运数比类”方法是相当成熟的，采用这种方法运思而获得的思维效果，精湛而深刻。较之《周易》卦爻辞的运数方法大为进步。我们来看《易传・系辞上》中的这句话：“易有太极，是生两仪，两仪生四象，四象生八卦，八卦定吉凶，吉凶生大业。”太极—两仪—四象—八卦—大业（万物），这句话不仅阐述了八卦产生的依据，而且提出了宇宙的象数模型，体现了卦象与天象的统一，是象数思维大厦的基石，对中国文化思想有着极深远的影响。以这一基石为基础，经后代学者不断丰富和发展，形成了太极、阴阳、三才、四象、五行、六爻、八卦、九宫、十干、十二支、二十四气、二十八宿等象数体系来建构宇宙的时空模型，模拟宇宙的演变和万物发展的规律。从这一意义上可见，象数理论具有很强的认识论指向，是古代的宇宙自然演化模型和社会人事变化模型，象数世界与天人世界和谐对应是其根本特点。

通过研究象数思想发展的历史，刘仲林教授指出，在象数家们的心目中，美的位置是先于真的，即他们考虑的首要问题不是真，而是美。这种美主要表现为“和谐对称”。在刘仲林教授看来，运数比类实质上就是“象数和谐推理方法”。对此，他从八卦生成原理图的对称与和谐、六十四卦中的对称与和谐、八卦与天时的对称与和谐、八卦与河图的对称与和谐四个方面作了论证。比如，“易有太极，是生两仪，两仪生四象，四象生八卦”的过程可用图5-1来表示。[7]

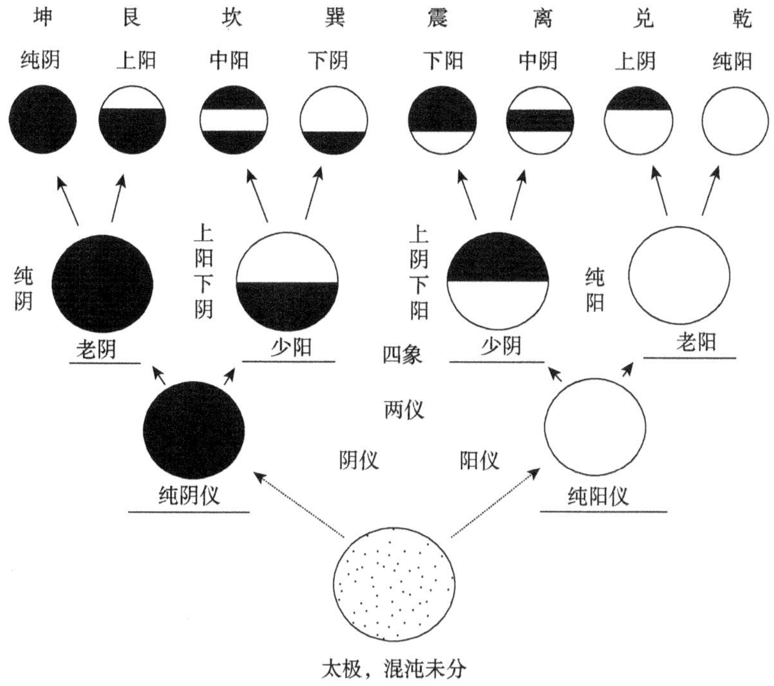

图5-1　易之生成图

如果通过太极图圆心画一上下垂线，则垂线左右两侧图都是阴阳一一对称的，黑（阴）白（阳）的变化非常有规律，其和谐对称的美感令人一目了然。如两仪中阴与阳相对，四象中老阴与老阳、少阴与少阳相对，八卦中乾与坤、兑与艮、离与坎、震与巽相对。另外，从底层太极开始，每上一层，球体就分裂一次，每次都是阴阳成对产生，球数呈2^0、2^1、2^2、2^3……即以2为底数，按指数增长。这一变化图像，是和自然界中诸如细胞分裂、细菌增殖、原子核裂变等现象相符合的，它不仅具有象数和谐之美，也从一个侧面反映了自然界之真。

古人在象数推演时，求美之心非常强烈，在美和真发生矛盾冲突时，宁可修改真，也要保全美。比如，朱伯崑教授为揭示北宋邵雍等人的易学思想，曾根据邵雍《皇极经世》、蔡元定《经世衍易图》，制成宇宙形成的图示（见图5-2）。[8]

<table>
<tr><td>秋春</td><td>书</td><td>诗</td><td>易</td><td>霸</td><td>王</td><td>帝</td><td>皇</td></tr>
<tr><td>辰</td><td>日</td><td>月</td><td>岁</td><td>运</td><td>世</td><td>会</td><td>元</td></tr>
<tr><td>味</td><td>气</td><td>声</td><td>色</td><td>鼻</td><td>口</td><td>耳</td><td>目</td></tr>
<tr><td>走</td><td>飞</td><td>草</td><td>木</td><td>体</td><td>形</td><td>情</td><td>性</td></tr>
<tr><td>雨</td><td>风</td><td>露</td><td>雷</td><td>夜</td><td>昼</td><td>寒</td><td>暑</td></tr>
<tr><td>水</td><td>火</td><td>土</td><td>石</td><td>辰</td><td>星</td><td>月</td><td>日</td></tr>
<tr><td colspan="2">柔</td><td colspan="2">刚</td><td colspan="2">阴</td><td colspan="2">阳</td></tr>
<tr><td colspan="4">地</td><td colspan="4">天</td></tr>
<tr><td colspan="8">极　　　　太</td></tr>
</table>

图5-2　邵雍易学宇宙生成图

图5-2形象地把邵雍等人追求和谐对称的宇宙生成思想表现了出来。太极为一、天地为二，和谐对称开始，天之阴阳和地之刚柔为四，日月星辰石土火水两两相对为八，其上之万物则为十六、三十二、六十四等。皇帝王霸以上还有许多层次，如道德功力等（从略）。此图不仅是宇宙发生的程序，也是万物分类的图式。如天类中分阴阳二气，阳气有日月之类，日类为太阳，包括暑、性、目、元、皇；月类为太阴，包括寒、情、耳、会、帝。此种分类，是依据《说卦》“昔者圣人之作易也，将以顺性命之理，是以立天之道曰阴与阳，立地之道曰柔与刚，立人之道曰仁与义”而推衍出来的。

图5-2乍一看显得很漂亮。但仔细看时，就会发现，他们为追求和谐对称，而有意无意地对事实进行了主观剪裁，有的违背了事实的客观全面性，有的对称性比较勉强。如“五官”只列入“四官”，“五经”只列入“四经”，“五行”只列入“三行”。为什么会这样呢？这要从邵雍等人的学术观点来分析。邵雍是先天易学的创始人，他反对《左传》“物生而后有象，象而后有滋，滋而后有数”的正确观点，别出心裁创立新说：“神生数，数生象，象生器”

（《皇极经世》），把神秘的“数”看做宇宙万物的元始。为了给他的“一、二、四、八、十六、三十二……”极具美感的宇宙生成思想找到对应之物，他不惜修改甚至违背客观事实。

这个例子显示出象数和谐推理的局限性：“在和谐的背后，并不能保障符合客观的真。而要进一步解决真的问题，就需要认真的观察实验和严密的形式逻辑推理，而这一点，正是中华传统文化的薄弱环节。”[9]

5.1.3 象数思维的特色与不足

朱伯崑教授指出：“象数思维，作为一种思维方式，是抽象思维（如符号系统）与具体思维（如取象系统）相结合的产物。它从具体中引出抽象（如圣人观象作八卦），再从抽象中认识具体（如依卦象以判吉凶之事），将抽象的与具体的合而为一，由此成为中华思维的一大特色。”[10]受时代和人的认识能力的影响，《周易》象数思维也有着自身的不足和缺陷。下面对其特色和不足作一下归纳。

1. 重宏观把握，轻微观分析

整体观是《周易》最重要的观念之一。关于这一点，朱伯崑从两个方面作了分析。[11]

首先，《周易》自身在形式上有一个完整的体系。就卦象和爻象来说，卦象是由爻象组成的。八卦由奇（—）偶（--）两爻象三重构成，自成一个体系；六十四卦又由八单卦推衍而成，自成一体系。也就是说，《周易》卦象自身的逻辑结构是一个圆满的整体，不是一个残缺不全、随意可以增减的符号形式。不仅如此，八卦与六十四卦的爻象又是各卦之间的联系纽带，爻象的变化引起卦象的变化。也就是说，一个爻的变化不仅仅是一爻自身的变化，而且造成了整个卦象的变化，造成了整体卦象象征事物的变化。卦象、爻象在《周易》中是普遍联系、相互制约的。

其次，《易传》以普遍联系、相互制约的观点解释《易经》。比如，《序卦》认为《易经》中的六十四卦不是杂乱无章的，它有一定的排列顺序。宇宙中先有天地，然后才生出了万物，因此象征天地的乾坤二卦，列在六十四卦之首。充满天地之中的是万物，所以乾坤二卦之后继以屯卦；“屯”是盈满的意思，屯又具有万物初生的意义，所以屯卦之后继之以蒙卦；“蒙”是萌生的意思，万物萌生需要营养，所以蒙卦之后继之以需卦；“需”是供给需求的意思，如此等等。

在《易传》的解释中，同一个性质的爻所处的位置不同，其象征意义也不同，体现出事物与其所处的位置之间的联系；一个爻的性质及位置不变，其邻近各爻的变化也引起此爻象征意义的变化。

由此可见，《易传》在解释卦象和爻象之时，不是孤立地看待一卦、一爻，而是从整个卦象中上经卦与下经卦之间的关系、各个爻之间的关系来分析，这是整体观的表现。

但象数思维对微观机制的分析有所轻视。虽然六十四卦重视了每一卦、每一爻的变化，如贞悔关系的变化、三才结构的变化、比应关系的变化、承乘关系的变化、中和关系的变化、旁通飞伏关系的变化，这些变化可以说讲得很细，但仍带有规律的意义，并没有在更细的微观层次上加以说明。

2. 重动态功能，轻物质实体

所谓“功能”，指物体外部表现出来的性能和作用。《周易》中有不少关于天地万物功能的描述。比如《说卦》从功能原则出发，论述八卦所象征的八大自然物，乾天为刚健不息，坤地为顺天而行，震雷为振动，巽风为散入，坎水为陷险，离火为灼丽，艮山为静止，兑泽为喜悦。

象数思维揭示了万物的动态功能及变化规律。易学中的“爻”与“卦”都是对世界动态功能的模拟。《系辞上》说：“爻者，言乎变者也”，“爻也者，效天下之动者也”。又说“天地变化，圣人效之”，“变而成卦”。圣人仿照天地万物的运动将阴爻和阳爻变化组合，演成八卦和六十四重卦。《系辞上》又说：“神无方，而易无体”，“知变化之道者，其知神之所为乎”；“变化者，进退之象也”，指出了万物运动变化的功能与规律。

象数思维重视动态功能但却轻视了具体的物质实体。《易传》说：“形而上者谓之道，形而下者谓之器。”这里的“道”是指事物动态功能规律。一切有形器物都是遵循“道”的规范而形成，并受“道”的支配与制约，道高于形体。这种崇“道”行为包含着轻视物质实体的意义。[12]

3. 重直观类比，轻实验证明

象数思维是以取象比类为基础的，所以具有直观类比的特点。古人“仰则观象于天，俯则观法于地，观鸟兽之文与地之宜，近取诸身，远取诸物，于是始作八卦”。八卦之卦即八种卦象。“卦者，挂也”，挂上一种直观的象，以引起人们的联想与想象，便于论理，有着以简御繁的特殊思维效用。《系辞下》称为“其称名也小，其取类也大”。取象的目的在于比类。取象是选择个别事物作典型，比类则是根据个别事物的共相加以演绎。

过分强调直观、直觉思维，只注重对整体的感觉，从而忽略了实证与分析，使中国传统科学量化程度不高，对事物的认识往往模糊、粗略而笼统。直观类比一方面锻炼了中国人的思辨能力和对事物的领悟能力，培育了一种从整体动态上把握宇宙生命的智慧，往往更富有想象力和创造力；另一方面却也带来不求甚解、不重因果关系、推理过程中牵强附会等现象。

4. 重循环变易，轻创新求异

《周易》是肯定宇宙万物在不断运动的，“易”本身就有“变化”“运动”之意。但《周易》认为发展变化是循环往复的。如《易经》泰卦九三爻辞：“无平不陂，无往不复。”复卦卦辞：“反复其道，七日来复。”《易传》中还有：“一阖一辟谓之变，往来不穷谓之通”，“原始反终，故知死生之说”，“变动不居，周流六虚。”《系辞》还列举日月往来、寒暑往来的例子，说明“往者屈也，来者信（伸）也。屈信（伸）相感而利生焉”。

张其成教授认为，循环变易观对整个宇宙宏观世界来说是基本合理的。整个宇宙存在永恒的大循环，而各种物体也存在暂时的小循环。这种循环是以阴阳象数的对立转化为基础的，包含着不断变化、“革故鼎新”的进步思想。同时也增强了中华文化前后承接的亲和力和稳定性。其负面影响是过分强调了循环，轻视创新发展，缺乏历史进化发展观念。致使中华民族沿袭因循、模仿、重复的习惯思路，缺乏创造、创新精神，缺乏应有的活力，缺乏否定意识，造成了社会发展的缓慢，甚至倒退。[13]

5.2 象数思维与中国古代科技

爱因斯坦在一封信中说过：

> 西方科学的发展是以两个伟大的成就为基础，那就是：希腊哲学家发明形式逻辑体系（在欧几里得几何学中），以及通过系统的实验发现有可能找出因果关系（在文艺复兴时期）。在我看来，中国的贤哲没有走上这两步，那是用不着惊奇的。令人惊奇的倒是这些发现（在中国）全都做出来了。[14]

那么，这些究竟是靠什么发现出来的呢？爱因斯坦并未回答。实际上，推动科学发展的因素有很多，其中最强有力的因素是社会实践的需要，科学发展的根本原因应该从社会生活本身寻找。不过，从微观的层面，科学发现和人的思维特质有密切的关系。中国人独特高超的意象思维能力对中国古代那些“令人惊奇”的发现的产生有着不可或缺的作用。

朱伯崑指出：“在中华传统文化或中国元典中，唯有周易系统的典籍，与中国传统科技的发展有密切的联系。研究中国科技史，不能脱离周易文化。”周易系统典籍的灵魂就是其“立象尽意”的象数思维方式。如果从思维的角度讨论中国古代科技的发展，就应该以象数思维为核心来展开。

上一节我们提到，象数思维的运思方式有取象比类和运数比类两种，下面就分别谈一谈它们在古代科技中的具体运用。需要指出的是，取象和运数本来是不可分的，只是在不同的科学领域中各有所侧重。例如，在医学、农学的领域，科学家首先是取象比类；而在天文、历法、音律这些领域中，科学家首先是运数比类。

5.2.1 取象比类与古代科技

取象比类思维运用于科技，在我国有悠久的历史。例如，在农业方面，我国很早就形成了天象→气象→物候→人事的农业耕作与栽培基本程序。《夏小正》中已利用各种“象”来揭示和指导农业生产活动。如正月物候是“启蛰，雁北乡，雉震响……”气象是“时有俊风，寒日涤冻涂”，农事活动则是“农率均田”。后来，《吕氏春秋·十二纪》《淮南子·时则训》《礼记·月令》《逸周书·时训解》等也都有物候学方面的记载。

在天文学中，《史记·天官书》有“众星列布，体生于地，精成于天，列居错峙，各有所属，在野象物，在朝象官，在人象事”。这里谈到了“象”在天文学中的作用，即以天象推度人事，甚至将国家治乱与天象的变化相对应。

在医药学中，明代医药学家李时珍依据观象原则，提倡“采视”，即依靠观察和亲自尝试来辨别药物的特性。物理学家方以智在其《物理小识》中强调“质测”，即从观测个别现象入手，探讨物理变化的规律。

有学者指出，作为科学探究活动中的主观之“象”有不同的层次，由低到高可分为原象、类象、拟象和大象四个层次，在每一个层次上，都有相应的取象比类。[15]

第一，原象。它指通过感官，主要是视觉器官获得的事物形象。它的主要特征是与物象的相似、相像。在古代科学认知活动中，“原象”表现为对具体物象的原原本本的描绘和翔实记载。我国古代天文学对各种天文现象的记录以完备、翔实而著称于世。其中，太阳黑子的记载最早可推至《周易》产生的年代。《易经・丰卦》中即有“日中见斗”“日中见沫”的描述。到汉代，类似的描述更加详尽。如“成帝河平元年（公元前28年）……三月乙未，日出黄，有黑气大如钱，居日中央”（《汉书・五行志》）。这是长期观测的记录，以知觉表象的形式出现。

第二，类象。它指由不同具体形象的相似、相类方面组合而成的形象。其生发机制是联想和想象。例如，东汉张衡在《浑天仪注》中说：“浑天如鸡子，天体圆如弹丸，地如鸡子中黄，孤居于内，天大而地小。天表里有水，天之包地，犹壳之裹黄，天地各乘气而立，载水而浮。”这便是天文学中著名的“浑天说”。显然，张衡是受“鸡子中黄”这一形象启发，以之比类天体与地球的关系。又如，宋代沈括在《梦溪笔谈》中对一种石膏的矿物晶体的几何形状作了清楚的描绘：“太阴玄精，生解州盐泽大卤中，沟渠土内得之。大者如杏叶，小者如鱼鳞……”这其中用了大量的譬喻，借杏叶、鱼鳞、龟甲等“原象”组合成一幅完整的“类象”。

第三，拟象。它指按照一定的主观意图和分类标准，对各种“类象”再进行组合、模拟或再造出一个整体世界的功能图像。它有两个方面的内涵：一是“拟诸其形容，象其物宜”；二是“以制器者尚其象”。前者通过一定的抽象符号如“河图洛书”、阴阳爻和八卦等构筑整个世界的“形象”；后者则通过人力技术的注入，发明和制造新的器物品。受《周易》类象系统的影响，中医学也构成了自洽的拟象系统。例如，以六爻模型构建人体六经模型。形式上看来“六经与六爻位在数量上相合，而且六经的阴阳结构与六爻位在数量上相似”。根据“黄帝、尧、舜垂衣裳而天下治，盖取诸《乾》《坤》。刳木为舟，剡木为楫，舟楫之利以济不通，致远以利天下，盖取诸《涣》”的原理，古代科技形成了“制器尚象”的传统。许多发明创造都是根据物象而来的。典型的例子是天文观测仪——浑仪的制造。沈括有一个解释：“天文家有浑仪，测天之器，设于崇台，以候垂象者，则古机衡是也。浑象，象天之器，以水激之，或以水银转之，置于密室，与天行相符。”（《梦溪笔谈·象数一》）

第四，大象。它指那种虽然与具体形象有关联，却没有形体形质的物象原型，排斥一切符号、语言等概念思维的混沌、朦胧形象。在《老子》中“大象”是最高境界。这种“象”与他的“道”基本上处在一个层面。魏晋王弼说得明白：“故象而形者，非大象也；音而声者，非大音也。”（《老子指略》）“大象”是无形无质的。这种大象体现在古代科技中突出的表现就是“元气说”。这种元气说在解释自然科学的一些重大理论问题，如天地起源、宇宙演化、人的精神现象时具有高度的涵摄力和启发性。

如《淮南子》，就用元气说构筑了一个宇宙生成图：“古未有天地之时，惟象无形，窈窈冥冥，芒芠漠闵，鸿濛鸿洞，莫知其门。有二神混生，经营天地，孔乎莫知其所终极，滔乎莫知其所止息。于是乃别为阴阳，离为八极，刚柔相成，万物乃形。浊气为虫，精气为人。”宋代哲学家张载也指出：“凡可状，皆有也；凡有，皆象也；凡象，皆气也。"（《正蒙·乾称》）这里明确把"象"与"气"说成是一体的，使之具有唯物自然观的色彩。

5.2.2 运数比类与古代科技

在我国古代，《周易》运数比类方法广泛地运用在天文、历法、乐律、兵法、医学、建筑等多个学科领域。这里结合唐明邦教授等的研究成果[16]，以历法、乐律、医学为例作大致介绍。

第一，历法与运数比类。人们为了探索、掌握自然变化的规律，以便于人事活动，"与天地合其德，与四时合其序"，真正做到"先天而天弗违，后天而奉天时"（《文言》），就要通过精确的数学计算，揭示四时阴阳变化之"大数"。《礼记·月令》写道："凡举大事，毋逆'大数'。必顺其时，慎因其类。"《周髀算经》认为：四季昼夜长短均有节度，二至、二分就是节度的标志。"至者，极也，言阴阳气数消长之极也"，夏至昼极长，冬至夜极长，各为59刻。"分者，半也，谓阴阳气数中分于此也"，春分、秋分，昼夜均等，各长50刻。十二消息卦，以卦象标示十二月阴阳消长的象征数列。十一月一阳五阴（复卦），十二月二阳四阴（临卦），正月三阳三阴（泰卦）……四月六阳（乾卦），五月一阴五阳（姤卦），六月二阴四阳（遁卦），七月三阴三阳（否卦）……十月六阴（坤卦），这种用卦象之数标示四时阴阳消长节律，是我国历法的特征。将抽象原则转换为直观形象，也有利于历法知识的普及。

第二，乐律与运数比类。我国向称礼乐之邦，十分注重音乐，对乐律深有研究。战国时期已发明六律与六吕之间的损益相生关系。《吕氏春秋》指出：乐"生于度量"。律管的长短之数，可确定五音的调。阐发"三分损益"原理，定黄钟管长九寸，为阳律，三分损一，下生林钟，长六寸，为阴吕。林钟三分益一，上生太簇，长八寸，为阳律，太簇三分损一，下生南吕，长五又三分之一寸，为阴吕。……律吕展转相生，而求律管长度的演算程序是十分繁复的。汉代易学家建立所谓“纳音法”，以乾坤二卦十二爻，代表十二律，保证这种演算程序有条不紊。明代著名乐律学家朱载堉指出：“不明乎数，不足以语象；不明乎象，不足以语数。是故欲明律历之学，必以象数为先。”（《律历融通·序》）

第三，医学与运数比类。青色通于肝，味酸，类木，其数八；赤色通于心，味苦，类火，其数七；黄色通于脾，味甘，类土，其数五；白色通于肺，味辛，类金，其数九；黑色通于肾，味咸，类水，其数六。今天看来，七、八、五、九、六等数，同五藏的关系实很牵强，但在古代熟悉易数的人眼里，它蕴含着众多信息，作为五藏属性的代号，更利于概括其间生克制化的微妙关系，有以简御繁的思维效用。难怪明代科学家徐光启充分肯定象数之学对古代科技发展的重要性：“象数之学，大者为历法、为乐律，至其他有质有形之物，有度有数之事，无不耐以为用，用之无不尽妙极妙者。”（《泰西水法》）

总的来说，易学传统中的象数思维方法，同西方形式逻辑思维方法不同，它不只提供一种思维形式，同时诱导思维内容，是思维内容与思维形式巧妙结合的一种奇特方式。这一象数思维方法，是中华民族理性思维的产物、古代先哲智慧的结晶。但象数思维也存在着机械论、循环论、直观主义、超逻辑思维等方面的局限性，不利于人们进行精密的逻辑思维，这是毋庸讳言的。可是，它注重从整体上、宏观上把握事物运动变化的内在矛盾，注重事物发展的节律和周期，追求事物之间稳定的和谐统一，这是象数思维方法的巨大优点。正因为如此，它同古代自然科学的发展有着密切的关系。莱布尼兹称赞《易图》为“现存科学的最古纪念物”；冯友兰称《周易》哲学为“宇宙代数学”，这些称誉都是中肯的，毫不过分。[17]

5.2.3 易学科技思维的特征

著名易学家朱伯崑教授认为，由于易学思维方式对中国传统科技发展所起的影响，在中国科技史上形成了易学科技思维，它包括自然观、方法论和科技观，渗透到中国的数学、天文气象学、化学、物理学、生物学、医学等各领域，成为中国科技思维的一大特色。对此他经过深入的研究，提出了易学科技思维的六条基本原则。[18]

第一，现象论。现象原则对中国的科技方法论影响深远。其一，科技家依观象思维，对自然现象的研究，倡导观察和实验。如宋代的沈括在《梦溪笔谈·象数》中提出“测验”说，以其为观察天文和地理的重要方法。又如明代张介宾发展了医学中的脏象学说，依据观察人体外表器官如耳、目、口、鼻、手足、脉息等呈现的状态，诊断人体内部五脏和六腑的健康与疾病。如其所说：“人之情况，于象可验。”（《医易义》）其二，古代的科技家依观象制器说，从事发明和创造活动。如张衡通过对天象运行轨道的观测，发明了浑天仪。蔡伦从观察树皮的性能，革新了造纸术。

第二，功能论。功能指物体外部表现出来的性能或作用。从汉易开始，易学家又引入五行观念解得势爻象和卦爻辞，哲学家和科学家都以阴阳五行之气为七大元素，解释世界的形成及其物质构成。这种阴阳五行的自然观，渗透到天文气象学、化学、物理学、地质学和医学各领域。如《周易参同契》，是最早讲炼丹术的典籍，也是古代化学的先河。它称汞性为阳，铅性为阴，汞遇火而升华，铅遇火流为液体，二物融合为一体，为“覆冒阴阳之道”，称其化合为“性情自然”。在这种功能原则的启发下，后来终于制造出火药，成为中国四大发明之一。

第三，对待论。此原则又可称为阴阳对待思维，是易学思维的主要特征。

阴阳的性能相反，但不是相互对抗，而是相资相助，即相反而相成，可称为两元互补原则。如数学家刘徽《九章算术注·序》中说："观阴阳之割裂，总算术之根源。"在数学上，形成了以奇偶二数和方圆二形的相反相成为演算规律的数学观。又如在天文学方面，汉代《易纬》，依阴阳相成的思维，提出"天左旋，地右转"的命题。天象左旋，出于直观；地右旋，基于推测，即天为阳，地为阴，地阴助天阳而运动，从而导出最早的地动说。

第四，流转论。此原则又可称为过程论，其对自然现象或物质现象的考查，着眼于运动变化过程。《易传》提出"刚柔相推而生变化"，认为卦爻象和事物的变化都是出于其阴阳的相互推移，朱熹称为"阴阳流转"。如中国古代的天文气象学，是以流转论为指导而展开的。汉代的易学提出卦气说，以六十四卦阴阳爻象相互推移的过程，解释大陆一年节气变化的过程。又如在地质学方面，早在春秋时易学家史墨认为，大地亦处于阴阳互为消长的过程，所谓"高山为谷，深谷为陵"。

第五，整体思维。视天地万物为一整体，是易学思维一大特征。如周敦颐的太极图，从宇宙生成论的角度，将天地人联为一体。河洛图式又将天时、地理、动植物、人体器官以及道德规范，都纳入其所制定的宇宙模式中，以此说明物类之间存在着普遍联系，又相互影响。此种思维方式，对中华科技思维的发展亦颇有影响。

第六，辅相论。此论是讨论人与自然的关系及人在宇宙中的地位。《易传》关于人在自然界中的作用，提出三条规定：其一，"天地设位，圣人成能"，即人居于天地之中，其任务是成就天地化育万物的功能。其二，"裁成天地之道，辅相天地之宜，以左右民"。其三，"先天而天弗违，后天而奉天时"。例如，方以智论人与自然的关系，全面阐发了裁成辅相的原则，提出了人控制自然的学说。

朱伯崑提出的中华传统易学科技思维的六论，其中五论，即取象论、功能论、对待论、流转论、整体论，都是在象数思维下展开的，阴阳五行八卦思维起着主导作用，第六论谈天人关系，立论的基点，仍是建立在八卦象思维基础之上，这种关系的结论，正是象数思维推理的结果。

小　结

认识论和思维论是一体化的。本章的写作是第4章“意会认识论”的自然延伸。本章讨论中国传统意象思维是以《周易》象数思维为例来展开的。本章第5.1节首先对象数思维“立象尽意”的具体内涵进行了探讨，然后从取象比类和运数比类两个方面阐述了象数思维的致思方式，最后从整体上讨论了象数思维的特色和不足。

大量事实表明，盛行于中国古代的取象比类法和象数比类法，与现代科学和艺术创造中的意象思维推理方法在本质上是一致的。用现代语言说，取象比类法可称类比法，象数和谐法可称臻美法，它们都属审美逻辑。[19]换言之，现代创造思维中的类比法和臻美法，在我国两千多年前就产生了。

但正如我们前面提到的那样，意象思维自身还存在不少的缺陷，比如注重整体而缺乏微观分析，谈功能却不考虑实体内部结构等。那种“将古代阴阳五行观的旧框架，如太极图式、河洛图式等，重新搬出来，套入现代的科技成果，更是没有前途的”[20]。建立在科学实验基础上的严密概念思维是现代科学的组成部分，中国传统象数思维必须走与之结合的道路。事实上，我们也不必要拘泥于阴阳八卦中的陈陈相因。我们最关心的是阴阳五行八卦思维背后所体现出来的象数思维的一般形式、规律和方法，即象数思维的普遍原理和推理方法。象数思维只有经过一番超越其（阴阳五行八卦）具体形态的提炼，寻找出具有人类普遍意义的规律和方法，才能革故鼎新，走向世界。

必须指出的是，从“意会认识”的本意来说，取象比类和象数比类的致思方式还只是形而下的，是不得意会认识“真谛”的。因为纯粹的意象思维是不能进行分析解构的，它是超越常规的思维，遵循的是“无法而法”的原则。在中国文化中，这种思维的认识对象是“道”“太极”“大一”等。因为在第4章介绍老庄、禅宗的意会认识论的时候，对这种思维的一般方法和特点已有讨论，所以这里就没有专门再谈。

本章第5.2节主要讨论了象数思维在中国古代科技中的影响，是从取象比类和运数比类两个方面展开的，内容体系上应该说是比较完整的，但还存在着一个明显的不足，即缺乏具体的案例辅以说明。可考虑今后以古代的一些科技成果，比如中医理论为例展示象数思维的特点。

汪裕雄曾指出：“中国文化推重意象，即所谓‘尚象’，这是每个接受过这一文化熏染的人都不难赞同的事实。《周易》以‘观象制器’的命题来解说中国文化的起源；中国文字以‘象形’为基础推衍出自己的构字法；中医倡言‘藏象’之学；天文历法讲‘观象授时’；中国美学以意象为中心范畴，将‘意象具足’作为普遍的审美追求……意象，犹如一张巨网，笼括着中国文化的全幅领域。”[21]也就是说，在传统文化中，意象思维的影响无处不在，渗透在各个领域。这样看来，本章仅仅讨论了象数思维与中国古代科技的关系还远远不够，今后还需要进一步加强其他领域的相关研究。

注 释

[1] 刘仲林.中国创造学概论[M].天津:天津人民出版社,2001:269.

[2][7][9] 刘仲林.新思维[M].郑州:大象出版社,1999:24,46,54.

[3] 刘仲林.新认识[M].郑州:大象出版社,1999:28.

[4][5][6] 唐明邦.象数思维管窥[J].周易研究,1998(4).

[8] 朱伯崑.易学哲学史:中册[M].北京:北京大学出版社,1988:134.

[10][11] 朱伯崑.易学基础教程[M].北京:九州出版社,2000:302-303,165-166.

[12] 张瑞亭.象数思维的正负效应对中医学的影响[J].山东中医学院学报,1995(2).

[13] 张其成.易学象数思维与中华文化走向[J].哲学研究,1996(3).

[14] 爱因斯坦文集:卷1[M].北京:商务印书馆,1976:574.

[15] 蒋谦.论意象思维在中国古代科技发展中的地位与作用[J].江汉论坛,2006(5).

[16][17] 唐明邦.《周易》:打开宇宙迷宫的一把金钥匙[M]//丘亮辉.《周易》与自然科学研究.郑州:中州古籍出版社,1992.

[18][20] 朱伯崑.易学与中国传统科技思维[J].自然辩证法研究,1996(5).

[19] 刘仲林.科学臻美方法[M].北京:科学出版社,2002.

[21] 汪裕雄.意象与中国文化[J].中国社会科学,1993(5).

第6章　中国传统创造思想的近现代命运

19世纪末期是中国前所未有的危机时代，面临着李鸿章所说的“三千年未有之大变局”。鸦片战争后，中国人也开始尝试着向西方学习，最初这种学习“仅限于器物技能层面，因为中国人坚信在精神文化上‘西夷’并无可取之处。戊戌变法的失败是中国人对待传统文化的心态由保守走向激进的开端。辛亥革命属于政治的激进主义，试图在制度上向西方学习。文化的激进主义发生在辛亥革命失败后的五四新文化运动时期。五四新文化运动的主将认为中国的落后不在物质水平低下，甚至不在制度不良，根本则是由于民众思想文化的落后。他们指出中国传统文化弊端是专制与迷信，主张引进西方的民主与科学来改造中国”[1]。在这样的文化背景之下，中国传统文化就走到了风口浪尖之上，成为备受指责的对象，其命运变得岌岌可危。

作为中国传统文化组成部分的传统创造思想面临着这种局面，发生了巨大的、戏剧性的变化。一方面，在唯科学主义的强力扩张之下，意会认识和意象思维几乎没有存身之所。另一方面，创造价值受到极力的推崇，只不过这时的创造价值观是被赋予了科学和政治色彩的“新的创造价值观”，传统的以“成己成物”为特色的“旧的创造价值观”已少有人提及。

6.1　创造价值的高扬

在本书第1章和第2章提到，在传统社会中，创造不是一个被人重视的词语，创造价值也不是人们自觉的追求。但自19世纪末期以来，这种状况从根本上被扭转回来。在封建制度加速腐朽并最终灭亡的背景下，在引入、学习西方学术的风潮中，创造价值又获得了新生，并经五四新文化运动上升为时代的追求，甚至凝结为一个“现代精神传统”，为中国文化注入了新的生机与活力，极大地影响着中国人的精神世界。在各种“主义”层出不穷的20世纪，“创造”超越了门派之争而为各种文化思潮所推崇，成为文化反思与重建的焦点。按照历史发展的顺序，我们认为20世纪的创造价值观可分为创造价值观的复兴、创造观的“百花争鸣”、“人民群众是历史的创造者”、“成物”为宗。下面我们尝试描述这样一个过程，并分析各个阶段创造价值观的内涵及特点。

6.1.1 创造价值观的复兴

在经过两千年的沉寂后，中国思想文化中的创造观念在19世纪末20世纪初迎来了它的复兴。封建制度的瓦解和灭亡以及西学东渐是这一文化现象的时代背景。

传统的天命论思想强调个体对所谓“命”的屈服和顺从，消解个体对“命”的抗争意识。中国古代哲学中也有“力命之争”，但在强大的封建专制制度背景下，少数强调“力”的“造命”思想没有多少生存的空间，普通民众中也不可能产生自觉的创造思想。辛亥革命以后，随着封建制度的灭亡，以“天命论”为核心的传统价值观逐渐瓦解，人的自信心、主体意识乃至创造意识也渐趋增强。与此同时，封建制度的结束也使传统的经学思想失去了其存在的依据，人们可以标新立异，自由地表达自己的见解。此外，19世纪中叶以来，因受列强侵凌而激发出来的维新图强思想也愈来愈成为时代的呼声。凡此种种，为创造观念的复兴提供了必要的文化氛围。

除了作为中国社会发展变革的必然结果，“创造”成为近代新文化的要素还得益于东来之西学。19世纪末20世纪初，西方近代学术思想为“创造”价值在中国的确立起了巨大的推动作用。

1895年，严复在天津《直报》上发表文章，介绍达尔文的进化论，不久又翻译出版了赫胥黎的《天演论》。由于严复等人的努力，进化论在中国得到了广泛传播并为许多中国知识分子所接受。蔡元培在《五十年来中国之哲学》中说："自此书（指严复的译著《天演论》）出后，'物竞''争存''优胜劣败'等词，成为人人的口头禅。"[2]根据进化论的思想，竞争是进步的原动力；根据社会向善论的进步机制，只有不断创造，社会才能进步。可以说，进化论为中国创造价值的确立提供了世界观背景。

尼采的学说是"创造"价值在中国得以确立的另一个重要理论来源。他的"上帝死了！"的惊呼唤醒了人对世界的主体意识。对中国的知识分子而言，尼采之"上帝死了！"的断言和他们反抗天命论的呼声相契合，赋予了他们做生活和世界主宰的主体意识。尼采还提出要"重估一切价值"，而这一"重估"过程就是创造的过程，正如他在《查拉图斯特拉如是说》中所说："估价便是创造"。总之，在五四思想家们看来，"上帝死了！"也就是"天命没落"，人摆脱了天命的支配与奴役，从而可以自由地去创造。五四时期，人的主体地位的觉醒，为"创造"理念的确立提供了人生观和价值观的背景。

柏格森的《创化论》（今译为《创造进化论》）由张东荪于1919年译成中文，该书在五四时期有着广泛的影响。柏格森反对机械的进化论，认为生命的进化不仅是对自然的适应，更是凭借生命冲动不断创造的结果。他认为："生命冲动，就是一种对创造的需要。"[3]在他看来，生命冲动无时无刻不在创造自身和新的东西，宇宙自然都是由生命冲动而促成。可以认为，这是从本体论的高度确立了"创造"的价值。

1920年，罗素的《社会改造原理》中文版刊出，这也是一本在五四新文化运动时期影响颇大的西方著作。书中罗素把人的冲动（impulse）分为"占有冲动"和"创造冲动"。前者是为了求得外在于身的东西，如声名利禄；后者则是为了把自己的才能智慧、力气劲头发挥出去。罗素在此书中赞扬"创造冲动”，希望改造过的新社会能使人的创造冲动得以发挥而占有冲动不断减退。

总之，在中国进入20世纪前后，在封建制度的解体过程中，在变法图强的呼声中，在学习西方文化的风潮中，创造开始成为时代的焦点。

6.1.2 创造观的“百花争鸣”

20世纪上半叶，中国思想文化舞台上主要活跃着自由主义、激进主义、马克思主义、保守主义四种文化思潮。激进主义产生于戊戌变法失败以后，信奉达尔文的进化论。自由主义以西方民主科学为圭臬，是新文化运动的旗帜。第一次世界大战尤其是1919年巴黎和会后，中国又出现了两种截然相反的文化走向，一部分自由主义者在对西方民主失望之余，转向了马克思主义；另一部分知识分子则又回到了远未绝迹的保守主义。因立场、哲学观念的不同，这些学派常互相辩难争论。但他们的一个共同之处是都承认创造的价值，都极力推崇创造，为创造价值的确立、创造意识的深入人心作出了不可磨灭的贡献。

1. 激进主义者的创造观

新文化运动早期，激进主义者如陈独秀、李大钊等人非常推崇创造，他们根据进化论思想阐述了创造的价值与意义，在他们的文字中我们能强烈地感受到一股破坏旧世界、创造新世界的气息。陈独秀在《一九一六年》一文中说：“人类文明之进化，新陈代谢，如水之逝，如矢之行，时时相续，时时变易”，“盖人类生活之特色，乃在创造文明耳”。[4]他指出，世界之变动，月异而岁不同，人类历史发展之速度，愈演愈疾。新青年的职责就在于认清时代的发展，努力创造新国家、新社会、新民族。

在这方面李大钊也有许多精彩的论述。他说：“盖文明云者，即人类本其民彝改易环境，而能战胜自然之度也。文明之人，务使其环境听命于我，不使其我奴隶于环境。太上创造，其次改造，其次顺应而已矣。”他一再号召青年冲决过去历史之网罗，破坏陈腐学说之囹圄，本其理性，加以努力，进前而勿顾后，背黑暗而向光明，为世界进文明，为人类造幸福，创造青春之国家，青春之民族。他在1919年写的新年祝辞《新纪元》中说：“人类最高的欲求，是在时时创造新生活”，“人类的生活，必须时时刻刻拿最大的努力，向最高的理想扩张传衍，流转无穷，把那陈旧的组织、腐滞的机能一一的扫荡摧清，别开一种新局面。这样进行的发轫，才能配称新纪元”。[5]

陈独秀甚至把创造精神视为五四精神的重要内容。1920年4月，他在《新文化运动是什么?》中明确地提出：“新文化运动要注重创造的精神。创造就是进化，世界上不断的进化只是不断的创造，离开创造便没有进化了。我们不但对于旧文化不满足，对于新文化也要不满足才好；不但对于东方文化不满足，对于西洋文化也要不满足才好；不满足才有创造的余地。”[6]

2. 自由主义者的创造观

自由主义者也主张创造，不过他们对“创造”却另有一番解释，这里我们以胡适的观点为例作一介绍。在社会发展方面，胡适反对暴力革命，主张渐进的改良。改良的目标是西方式的自由民主制度，改良的方式是模仿。胡适认为创造就是模仿：“凡富于创造的人必敏于模仿，凡不善于模仿的人决不能创造。创造是一个最误人的名词，其实创造只是模仿到十足时的一点点新花样。古人说得好：‘太阳之下，没有新的东西。’一切所谓创造都从模仿出来。”可以说在关于中国前途的问题上，胡适的“全盘西化”论正是他的“模仿创造”说之体现。

胡适的创造观还表现在培养“创造的智慧”方面。胡适在美国学习时师从实用主义哲学大师杜威，深受杜威哲学的影响。他认为“杜威哲学的最大目的，只是怎样使人养成那种‘创造的智慧’（creative intelligence）……使人有创造的思想力”[7]。杜威哲学的科学方法就是所谓的“五步法”，胡适后来把这一方法简化为“大胆的假设，小心的求证”。胡适认为“提出假设”一步是最为关键的，这里需要的不仅是知识，而且是一种“创造性的智慧”。可以看出，胡适这里所说的“创造”侧重于理性，是进行科学研究的一般方法。

3. 马克思主义者的创造观

马克思主义的唯物史观摒弃绝对精神、上帝等外在的原因，强调人民群众在历史中的作用。马克思、恩格斯在《神圣家族》中认为：“历史活动是群众的事业”，“整个的历史过程是由活生生的人民群众本身的发展所决定的”。[8]列宁则进一步提出：“世界不会满足人，人决心以自己的行动来改变世界。”[9]因此他认为：“生气勃勃的创造性的社会主义是由人民群众自己创立的。”五四后期，已转向马克思主义立场的李大钊、陈独秀等开始从唯物史观的视角阐述他们的创造思想。李大钊提出了“乐天努力的人生观”。他说：“我们在历史中发见了我们的世界，发见了我们自己，使我们自觉我们自己的权威，知道过去的历史，就是我们这样的人共同创造出来的，现在乃至将来的历史，亦还是如此，从而欢天喜地地创造未来的黄金世界。”

马克思主义者不赞成改良主义，认为创造未来新社会只能通过暴力革命才能实现。比如青年时代的毛泽东崇尚“万事皆由毁而成之”的思想，热切地盼望“毁旧宇宙而得新宇宙”[10]。在他们看来，毁，即破，有破才有立，而立则就是创新、创造。由此，“创造”就和“革命”密切地联系在一起。可以说创造就是革命，革命就是创造。在马克思主义者的革命实践不断推进的洪流中，创造的意义和价值也随之广为传播，为越来越多的人所熟知。

4. 文化保守主义者的创造观

保守主义在中国有深厚的文化背景，历史也较为久远。从鸦片战争以来，保守主义处于节节败退的状况。但到了20世纪初，在反思第一次世界大战给人类造成的灾难的过程中，保守主义思想又得以东山再起。由于西学的影响，这时的保守主义并不完全是“顽固不化”的代名词，而是希望在汹涌的西学中保留、发掘传统文化的精华和特色。文化保守主义者结合中国传统文化大谈创造，赋予创造更多中国文化的特色。这里我们选取现代新儒家的代表人物梁漱溟和熊十力的创造观作一介绍。

梁漱溟早期受柏格森的生命哲学影响较多，他从宇宙谈到人生观，分析论证了创造的意义和价值。他说：“宇宙是一个大生命。从生物的进化史，一直到人类社会的进化史，一脉下来，都是这个大生命无尽无已的创造。一切生物，自然都是这大生命的表现。但全生物界，除去人类，却已陷于盘旋不进状态，都成了刻板文章，无复创造可言。其能代表这大生活活泼创造之势，而不断向上翻新者，现在唯有人类。故人类的生命意义在创造。”[11]

在思想取向转向儒家之后，梁漱溟又用中国传统文化来阐释“创造”，赋予其较明显的中国特色。梁漱溟认为，与意欲“向前要求”的西洋文化和意欲“向后要求”的印度文化不同，中国文化是以意欲“调和持中”为根本精神。这是一种反身求己，依靠内心的直觉而达到的真善美的精神境界，可以用儒家的“仁”来表示。在对“创造”的理解中，梁漱溟循着这一路数把创造分为“成物”和“成己”两个方面。所谓“成物”就是对于社会或文化上的贡献，如一种新发明或功业等；而“成己”就是在个体生命上的成就，如才艺德性等。

梁漱溟认为，“任何一个创造，大概都是两面的：一面属于成己，一面属于成物。因此，一个较细密的分法，是分为：一个是表现于外者，一个是外面不易见者。一切表现于外者，都属于成物。只有那自己生命上日进于开大通透，刚劲稳实，深细敏活，而映现无数无尽之理致者，为成己。——这些，是旁人从外面不易见出的。或者勉强说：一是外面的创造，一是内里的创造。人类文化一天一天向上翻新无已，自然是靠外面的创造；然而为外面创造之根本的，却还是个体生命；那么，又是内里的创造要紧了”[12]。

另一位文化保守主义的代表人物熊十力更是对“创造”推崇备至，而且他对创造的阐释也具有浓厚的中国文化色彩。他根据《易传》中“天行健，君子以自强不息”的思想，指出人生的本质在于创造，以同宇宙大化相通相应。因此，“有生之日，皆创新之日，不容一息休歇而无创，守旧而无新。使有一息而无创无新，即此一息已不生矣”[13]。同时，熊十力在学术路数上也践行其“创造”思想，著书立说处处标新立异，宣称“吾之为学也，主创而已”[14]。值得注意的是，熊十力也注意到了“成物”与“成己”问题，他在《原儒·序》中提出过九个“不二”，其中包括“成己成物不二”。他说：“人心与天地万物，本通为一体。故圣学非是遗天地万物而徒返求诸心，遂谓之学也。”“养心者，充养其本心天然之明，而不遗物以沦于虚。不遗物以沦于虚，故穷物理，尽物性，极乎裁成辅相位育之盛。故成己成物是一事。非可遗天地万物而徒为明心之学也。成己成物，是人人所应自勉之本分事。”[15]

除以上介绍的思想家、革命家之外，20世纪上半叶还有许多时代的弄潮儿大声呼吁创造，为创造价值的确立作出了自己的贡献。推行“创造教育”的人民教育家陶行知倡导“处处是创造之地，天天是创造之时，人人是创造之人”，号召人们“向着创造之路迈进”[16]。郭沫若、田汉、郁达夫等人发起成立“创造社”，出版《创造》季刊、《创造月刊》《创造周报》《创造日》、“创造社丛书”等，打出了充满浪漫主义的文学“创造”旗帜，不遗余力地从事创造、宣扬创造。

整体来看，上述创造观念大致可分为下面四种。一是侧重社会方面的创造，如激进主义之打破旧世界、马克思主义之暴力革命。二是侧重学术方面的创造，给人以科学实践上的启发，如胡适之“创造的智慧”。三是侧重心灵方面的创造，如梁启超之“自由意志”的“发动”，梁漱溟、熊十力之“成己”的境界。四是鼓励民众创造意识，如陶行知的“创造宣言”。

可以看出，20世纪上半叶，各种学术思潮对创造的讨论囊括了宇宙、人生与社会等诸多方面，而且也非常深刻，给我们留下了宝贵的精神财富。在他们的大力宣传下，“创造”同“科学”“民主”等观念一起被确立为现代传统，成为中国人普遍的公共意识和精神背景。

6.1.3　“人民群众是历史的创造者”

20世纪50至70年代，马克思主义中国化的产物——毛泽东思想成为中国的指导思想，这一时期的创造观强调普通的人民群众是创造的主体。

我们前面提到，马克思和恩格斯认为历史进程由人民群众决定。他们的结论是根据人民群众与历史过程之间的辩证关系而作出的，因此他们同时也指出人民群众也是由历史过程所决定，并没有直接断定人民群众是历史的创造者。列宁一方面指出了社会主义社会由人民群众创立；另一方面则认为“在一百多年以前，创造历史的是一小撮贵族和资产阶级知识分子，工农群众则尚处于沉睡状态”[17]。

毛泽东继承并发展了马克思主义的历史观，认为“人民，只有人民，才是创造世界历史的动力”[18]。这个论断表明，在毛泽东看来，人类发展的各个时期的历史都是由人民群众创造的。

毛泽东把创造历史的人民群众进一步细化和分类，认为普通群众特别是下层群众的创造作用在推动历史的发展。1958年前后，毛泽东在一段批注中写道："贫人、贱人、被人们看不起的人、地位低的人，大部分发明创造，占百分之七十以上，都是他们干的。……就是因为他们贫贱低微、生力旺盛，迷信较少，顾虑少，天不怕，地不怕，敢想敢说敢干。"毛泽东进一步指出，"如果党再对他们加以鼓励，不怕失败，不泼冷水，承认世界主要是他们的，那就会有很多的发明创造"[19]。和这段话相呼应的是他的另一句名言"卑贱者最聪明，高贵者最愚蠢"。

毛泽东又特别指出，在普通群众里面青年人的作用更为突出。1958年3月中央政治局扩大会议（成都会议）期间，他在一次讲话中指出："自古以来，创新学派都是学问不足的青年人。"[20]1958年党的八大二次会议上他又说："从古以来，发明家，创立学派的，在开始时，都是年青的，学问比较少的，被人看不起的，被压迫的；这些发明家在后来才变成壮年、老年，变成有学问的人；这是不是一个普遍规律，不能肯定，还要调查研究，但是可以说，多数是如此。"在举了一些例子来说明他的观点之后，他说："举这么多例子，目的就是要说明年轻人要胜过老年人的，学问少的人可以打倒学问多的人，不要被权威、名人吓倒，不要被大学问家吓倒。要敢想、敢说、敢做，不要不敢想、不敢说、不敢做"，要"自己起来创造"。[21]对于青年人，毛泽东寄予很高的希望，他说："世界是你们的，也是我们的，但是归根到底是你们的，你们青年人朝气蓬勃，正在兴旺时期，好像早晨八九点钟的太阳，希望寄托在你们身上。世界是属于你们的，中国的前途是属于你们的。"[22]

毛泽东的创造观激励着当时的广大普通群众尤其是青年人，促使他们积极地加入"创造历史"的社会主义建设中去，并表现出旺盛的创造力。

需要指出的是，毛泽东思想所言的创造主体强调的是群体而不是个体，这从整体上鼓舞了中国人民的创造热情，但并未从个性的自由、个体的自我实现的层面阐释创造，因而创造也就不能成为人民的自觉的要求和自发的行为。

6.1.4　“成物”为宗

20世纪70年代末期以来，“创造”再次成为一个热门话题，迎来了它的又一个春天。这一变化有四个方面的原因。首先，得益于“文革”结束后的思想解放运动的影响。创造以思想解放为前提，思想僵化、抱残守缺就不会有所发现、有所创造。1978年党的十一届三中全会恢复和重新确立了“解放思想、实事求是”的思想路线，为摆脱“左”的影响，打破习惯势力和主观偏见的束缚，进而为人们自由地创造提供了良好的外部环境。其次，经济建设的刺激。在“以经济建设为中心”的方针指引下，在建设有中国特色社会主义市场经济道路的实践中，市场竞争日趋激烈，不断地进行创造成为各行各业生存的必然选择。再次，学术团体的推动。现代西方创造学形成于20世纪40年代初，几十年来有着飞速的发展。1980年前后，一批学者将其引入中国。1983年6月，在茅以升、钱伟长等科学家的支持下召开了中国第一届创造学学术讨论会。“创造”迅速成为学术研究的一个新的领域，并于1994年6月成立了创造学的全国性组织——中国创造学会。20多年来，各级创造学会开展学术研究，举行学术讲座，为创造思想的传播作出了重要的贡献。最后，党和国家领导人的重视。1985年邓小平同志指出，“我们的方针是，胆子要大，步子要稳，走一步，看一步”。这里说的胆子要大，也就是立足于敢闯敢试，开拓创新。江泽民同志曾反复强调：“创新是一个民族进步的灵魂，是一个国家兴旺发达的不竭动力”，“实践没有止境，创新也没有止境。我们要突破前人，后人也必然突破我们。这是社会前进的必然规律”。党和国家领导人的这些讲话为全社会推崇创造、努力创造培育了良好的舆论环境。

20世纪70年代末期以来的创造观的重要特点是以“成物”为宗旨，也就是强调具体的发明创造成果的出现。这与“以经济建设为中心”的方针有直接的关系。进行经济建设的首要目的就是发展生产，提高物质生产水平，多出产品、快出产品、出好产品。实现这一目的就需要科学技术和管理方式的发明创造，这也正是1978年邓小平提出的“科学技术是生产力”，进而在1988年提出“科学技术是第一生产力”的具体体现。

“成物”成为创造的指向还有创造学学术倾向本身的原因。西方创造学是在市场经济激烈竞争的背景下产生的，注重“成物”方面，要求功利效果，优点是实用性强，缺点是忽视了“成己”方面，有“见物不见人”的倾向。我国引入的创造学，基本上沿袭了西方创造学的特点。许多创造学著作的主要内容就是介绍各种创造技法。流风所及，以至于说到创造，人们联想到的就是发明创造、专利以及经济效益。甚至作为创造学的全国性组织，1994年成立的中国创造学会也认为：“创造学的任务就是通过创造教育培养人的创造精神和创造性思维，改善创造环境，训练运用创造技法，开发创造能力，实现创造成果。”[23]

总的来说，20世纪70年代末期以来，创造、创新再次成为时代的呼声，人们的创造意识被极大地调动起来，努力创造成为许多人自觉的选择。但是，这一时期学界对20世纪上半叶丰富的创造思想，特别是梁漱溟等所提出的创造有“成物”和“成己”两个方面的观点却没有足够重视，研究分析古代创造思想的就更少，这不能不说是一个遗憾。

6.2 熊十力的“默识”认识论

19世纪末期以来，随着西方科学的大量引入，以严复译介《穆勒名学》

和《名学浅说》为标志，逻辑分析方法开始为国人所重视；与此相反，中国擅长的以直觉体悟为代表的意会认识论竟被挤出了认识论的殿堂，似乎成了无一可取的古董。

不过，仍然有学者深信意会认识的重要作用，坚守着这块领地，并为传统意会认识论的发展作出了新的贡献。在他们当中，熊十力是突出的代表。他以《大易》（《易传》）为主导，建立起融易、儒、道、释为一体的“新唯识论”思想体系。这一体系是建立在本体意会论基础上的。从这一角度说，熊十力是古典意会论之集大成者。

熊十力（1885—1968），湖北黄冈人，现代新儒家的“中心启导人物”[24]，代表作是1932年出版的《新唯识论》。李泽厚高度评价了熊十力的贡献，认为他“完成了谭嗣同、章太炎未竟事业，将宋明理学的伦理学翻转为宇宙观和本体论。强调‘体用不二’，即运动变化、生生不息的心物感性世界”[25]。

6.2.1　体用不二

“体用不二”是熊十力哲学体系的核心，是理解其意会思想的基础，所以先来作一介绍。

20世纪20年代维也纳学派出现以后，拒斥形而上学成为他们的首要任务。这种和科学紧密相关的逻辑实证主义哲学，声势显赫，风靡一时，但他们从根本上遗忘了人和人的存在，把哲学只归结为逻辑和科学命题的分析。与逻辑实证主义发展同时出现的现象学和存在主义，虽然提出“回到事物本身中去”的口号，但他们过分局限于主体的意识和个体存在的现象分析，其理论缺乏内在的超越精神。熊十力反对西方哲学对形而上学的拒斥。他说：“近世哲学不谈本体，则将万化大原，人生本性，道德根底，一概否认。”[26]“哲学自科学发展以后，他的范围日益缩小，究极言之，只有本体论是哲学的范围，除此以外，几乎皆是科学的领域。虽云哲学家之遐思与明见，不止高谈本体而已，其智周万物，尝有改造宇宙之先识，而变更人类谬误之思想，以趋于日新与高明之境。哲学思想本不可以有限界言，然而本体论究是阐明万化根源，是一切智智，与科学但为各部门的知识者自不可同日语。则谓哲学建本立极，只是本体论，要不为过。”[27]

关于本体论向来有两种对立的观点。一种是把外在的事物，抽象为物质实体，作为本体。另一种是以一个超越一切的精神作为本体。前者是所谓近代的唯物主义，后者是近代的唯心主义，这两种哲学虽然出发点不同，但是把哲学上的本体实体化则是一致的。

在熊十力看来，要纠正古今哲学本体论的错误，必须强调离用无体。他说：“功用以外，无有实体”，“若彻悟体用不二，当信离用无体之说”。[28]即实体不在现象之外。他说：“本论（《体用论》）以体用不二立宗，学者不可向大用流行之外别求实体，余自信此为定案，未堪摇夺。”“倘不悟此，将求实体于流行之外，是犹求大海水于腾跃的众沤之外。”[29]即实体如同大海水，功用如同众沤，求实体于功用之外，如同求大海水于众沤之外。他说：“实体绝不是潜隐于万有背后或超越万有之上，亦决不是恒常不变，离物独存。”“所谓实体，不是高出于心物万象之上，不是潜隐于心物万象背后，当知实体即万物万象自身，譬如大海水是无量众沤的自身。”[30]由此可见，熊十力所谓“体用不二”，“从否定的方面来说，有三个特征，即实体不是超越万有之上（如上帝）；实体不是与现象并存，而在现象之外的另一世界（如柏拉图的理念世界）；实体不是潜隐于现象背后”。[31]

熊十力认为本体是变动不居的。这种变化的法则即《易经》所谓的“相反相成”。他运用这种相反相成的法则来阐释本体之所以变动不居，自创了“翕辟成变”说。什么叫“翕”和“辟”呢？他指出：“本体显为大用，是永恒的流转”，“假说本体能变，亦名为恒转”，“恒转是至无而善动的，其动也，是相续不已的”，“这种不已之动，自不是单纯的势用，每一动，恒是一种摄聚的，如果绝没有摄聚的一方面，那就是浮游无据了，所以，动的势用起时，即有一种摄聚。这个摄聚的势用，是积极的收凝。……这由摄聚而成形向的动势，就名之为翕”，“辟”是与“翕”作用相反的一种势用，这种势用“有能健以自胜，而不肯化于翕的，申言之，即此势用，是能运于翕之中而自为主宰，于以显其至健，而使翕随己转的。这种刚健而不物化的势用，就名之为辟”。[32]宇宙间的变化就是在一翕一辟间完成的，所谓“翕辟成变”是也。熊十力的翕辟说，实质上是以运动和矛盾的相反相成解释心物，他认为心为辟，物为翕，都是本心显现为大用的两个方面。以翕辟这两种势用，显现为一切万事万物，心物浑然一体，不可分为二片。这样，熊十力不仅阐述体用不二的意蕴，同时也揭示了西方哲学心物二元的弊病。

6.2.2　默识和体认

与其本体论、“翕辟成变”说相适应，在认识论上，熊十力持“返本”之学，认为对“万物所以生成的道理，只要返在自心体认”[33]，反求自识。“一切物的本体，非是离自心外在境界，及非知识所行境界，唯是反求实证相应故。”既然本体不是知识，不能靠言传来求，须反身亲证，出于本体认识的需要，自然引出了意会论，熊十力称为“默识法”。

关于“默识”，熊十力在不同的地方有不同的解释：其一，“默识即体认之谓。默者，冥然不起析别、不作推想也。识者，灼然自明自了之谓。此言真理唯是自明的，不待析别与推求，而反之本心，恒自明自了”[34]。其二，“孔子所云默识从来注家均是肤解，虽朱子亦未得臻斯旨也（寂默者，本体也。识者，即此本体之昭然自识也）”[35]。按朱熹对默识的解释，一是“不言而存诸心”，二是“不言而心解”，前者较为接近孔子本义。很显然，朱熹的注解，“默”只是沉默的意思，这在传统训诂学上有充分的根据。像在许多其他地方一样，熊十力在此又要通过解经来创造，所以斥之为肤浅。其三，类似佛家的“止观”，“孔子自谓默而识之。默即止，而识即观也。止观的工夫到极深时，便是证会境地”[36]，也就是“止于谛理、妄念皆息、契会真如的境界”[37]。

上文中提到的“体认”，就其反求本心而言，很多时候是和“默识”相通的。

> 中国哲学有一种特别精神，即其为学也，根本注重体认的方法。体认者，能觉入所觉，浑然一体而不可分；所谓内外、物我、一异种种差别都不可得。……哲学家如欲实证真理，只有返诸自家明觉。即此明觉之自明自了、浑然内外一如而无能所可分时，方是真理实现在前，方明实证。前所谓体认者即是此意。[38]

不过，“默识”和“体认”还是各有侧重的。默识较多的指那种非分析、不可言传的途径所达到的形上境界，实际上就是本体自身的呈现；体认则较多的强调这种方法的直接性和实践性。

> 须知，哲学所究者为真理，而真理必须躬行实践而始显。非可以真理为心外之物，而恃吾人之知解以求之也。质言之，吾人必须有内心的修养，直至明觉澄然，即是真理呈显。如此，方见得明觉与真理非二……哲学所穷究者则为一切事物之根本原理。易言之，即吾人所以生之理与宇宙所以形成之理。夫吾人所以生之理与宇宙所以形成之理本非有二。故此理非客观的、非外在的。如欲穷究此理之实际，自非有内心的涵养工夫不可。唯内心的涵养工夫深纯之候，方得此理透露，而达于自明自了自证之境地。前所谓体认者，即此。[39]

还要指出的是，熊十力主张默会、体认的认识方法，不仅仅是出于“体用不二”的本体论，还有批评西方实证主义过分倚重分析的考量。熊十力认为，分析不足于达到本体。“夫分析术者，科学固视为利器，其所为明伦察理，亦何尝不有资于是。然玄学务得其总持，期于易简而理得，故分析毕竟非玄学所首务——分析者，起于辨物，将欲以辨物之术而求得先物之理，是犹带著色眼镜而求睹大明之白光也，至愚亦知其不可。”[40]凡有所研究，其方法必须与研究对象的本性吻合，方能获得真理。玄学的目标是宇宙实体，是绝对的，而不是具体的事物，所以从本质上说不能用分析的方法获得，而只能采用默识、体认的意会方法。

熊十力还借鉴佛学语言，用“性智”和“量智”对意会认识和言传认识进行深入的比较分析。他说：“性智者，即是真的自己的觉悟。此中真的自己一词，即谓本体……量智是思量和推度，或明辨事物之理则，及于所行所历、简择得失等等的作用故，故说名量智，亦名理智。此智元是性智的发用，而卒别于性智者。”[41]“性智”又称“证会”“证量”“体认”“现量”“默会”等；“量智”又称“思辨”“思议”“比量”“解析”等。总之，一方为我们所说的“意会认识”；另一方为“言传认识”。

熊十力认为，“量智”是一种向外求理之工具。这个工具用在日常生活的宇宙，即物理的、经验现象的世界之内是有效的。然本体与“证会”相应，不是用量智可以推求得到的。因为量智起时，总是要当做外在的事物去推度，这便离开了本体而不能其然自证。[42]因此，他主张区别这两种认识方式。

熊十力不反对理智或知识，承认并尊重科学和知识的作用，给予量智在认识上以一定地位，认为量智之“学”，也是中国传统哲学的组成部分，《论语》开篇就是“学而时习之”，并有“学而不厌”等教诲，显示了当代新儒家对科学的兼容和开放态度。但同时又认为，唯有“性智”才能达到“本体”，“量智”以逻辑严谨胜，而不知穷理入深处，不能担当认识“本体”的大任，所以必须休止思辨，而默然体认，直至心与理为一体，亦即在认识的最高层，必须用“性智”取代“量智”。借用孔子“下学上达”一语来说，“量智”虽很有用，但终究是“下学”，只有“性智”才能“上达”，进入道的境界。由此可见，熊十力独钟“性智”之学，其《新唯识论》，实质就是“本体意会论”。[43]

在20世纪唯科学主义的浪潮中，西方逻辑分析方法一家独大，中国古典意会认识论除熊十力外少有人涉足（冯友兰提出的“负的方法”实质就是一种意会认识。不过冯友兰虽然提出了负的方法，但没有明确的负的认识理论）。从这一角度来说，熊十力又是中国古典意会认识论的终结者。

6.3 意象思维的衰微

中日甲午战争的失败，在一定程度上宣告了只学习、引进西方器物文化的“中学为体，西学为用”方针的失败。一些先进的知识分子认识到：仅从器物和社会制度的层面去仿效西方，是不能解决问题的；更为重要的是切实把握西学现代科学思维，并用之武装国人头脑，这才是求取民族解困与自强的正途。这就是严复所说的“开民智”，“民智者，富强之原”。[44]他们认为，“开民智”固然要学西方的科学技术、政治经济及教育，但要害则在“改易思理”，即思考并进而掌握如何去求取真理的“真理”，如何用体现“黜伪存真”这种科学精神与方法的西方近代思维方式变革中国传统思维方式。在这种背景下，西方逻辑学开始被系统地输入中国，并得以普及化，从而使得传统意象思维的生存空间越来越小。不过，这并不是传统意象思维衰微的根本原因。

因为从理论上讲，形式逻辑和意象思维是可以共存的。我们认为，对于意象思维的近现代命运，还要从近代中国的科学主义思潮这样一个大的文化背景中寻找终极的根源。

6.3.1 西方形式逻辑的影响

推进西方逻辑学传入中国的第一人当是严复。在对中西文明发展状况的比较分析中，严复敏锐地察觉到逻辑，尤其是归纳逻辑对西方文明，特别是近代文明的支柱作用。关于这一点，他在《原强修订稿》中有更为明确的阐述："制器之备，可求其本于奈端；舟车之神，可推其原于瓦德；用电之利，则法拉弟之功也；民生之寿，则哈尔斐之业也"。而西方"二百年学运昌明，则又不得不以柏庚氏（培根）之摧陷廓清之功为称首，学问之士，倡其新理，事功之士，窃之为术，而大有功焉"。严复的这种看法类似于本书第5章我们曾引用过的爱因斯坦这段话："西方科学的发展是以两个伟大的成就为基础，那就是：希腊哲学家发明形式逻辑体系（在欧几里得几何学中），以及通过系统的实验发现有可能找出因果关系（在文艺复兴时期）。"有见于科学方法的重要性，20世纪初严复先后翻译出版了《穆勒名学》（1905）和《名学浅说》（1909），标志着西方逻辑开始真正输入我国。

严复所译的《穆勒名学》中，虽只译了原书六个部分（"名和辞""演绎推理""归纳推理""归纳方法""诡辩""伦理科学的逻辑"）中的前四个部分，但这四个部分已基本上包含了传统演绎推理和归纳逻辑方法的主要内容。而《名学浅说》的原著（*Primer of Logic*）是19世纪英国逻辑学家耶芳斯（W. Jevons）于1876年出版的演绎逻辑和归纳逻辑学的入门。严复通过这两部重要的西方逻辑书籍的译介，就在中国科学方法论史上，第一次向国人系统、全面地介绍了西方逻辑学说。

郭湛波在《近五十年中国思想史》中指出："自严先生译此二书（《穆勒名学》和《名学浅说》），论理学始风行国内，一方学校设为课程；一方学者用为治学方法。"[45]这种说法其实还不够准确，应该还包括第三个方面，即翻译和中国人自著的逻辑学著作大量出版。下面就这三个方面分别作阐释。

先来说一下形式逻辑学著作的出版情况。五四以后，在科学精神的推动下，更多西方逻辑学的译著在中国出版，其中包括美国尤斯的《逻辑》、奥图尔的《逻辑学》、库雷顿的《逻辑概论》、查普曼的《逻辑基本》等西方逻辑名著。同时，国内学者自著的形式逻辑著作也大量出版。20世纪20年代之前有10多本，20年代以后，据不完全统计达到近80种，而且不少著作出版了两次以上。如朱兆萃的《论理学ABC》（1928）就连续发行了9次；王振瑄的《论理学》（1925）在5个月内再版了5次；范寿康的《论理学》（1931）、陈高佣的《论理学》（1938）也都发行了4~5次。[46]这些现象表明研究形式逻辑学的学者，以及对形式逻辑感兴趣的读者都越来越多。

除了形式逻辑以外，20世纪20年代一批学者还对刚刚传入中国的、内容深奥的形式逻辑深有兴趣。这时期翻译出版的相关著作有罗素的《数理逻辑》（1921）、《算理哲学》（1922），国内自著的有汪奠基的《逻辑与数学逻辑论》（1927）、《现代逻辑》（1937）；沈有乾的《现代逻辑》（1933）；潘梓年的《逻辑与逻辑学》（1938）。最有水平和影响的数理著作，是金岳霖《逻辑》（1937）一书中的数理逻辑部分。[47]

逻辑学被自觉引入教育实践之中，始自严复。严复力主改革教育，认为教育主要有三宗，即体育、智育、德育。虽说三者并重，但"三者之中，尤以瘠愚为最急"[48]。"瘠愚"也就是"开启民智"。如何"瘠愚"呢？严复认为要以"西学"之中"名、数、质、力"四科为基本，"名学"（逻辑学）居四者之首。这是因为“不为数学、名学，则吾心不足以察不遁之理”，“不为力学、质学则不足以审因果之相生”。[49]

当时同样关注教育的王国维，也主张把逻辑学列为教学内容。在他的“文学科大学之各科”科目设计中，共有五类学科，即经学科、理学科、史学科、中国文学科、外国文学科。在五个学科中，除“史学科”外，其他学科所授科目均有“名学”即逻辑学一项。[50]

对西方逻辑学的传播和普及起推动作用的是民国政府的教育政策。1911年以后，颁布了壬子癸丑学制，逻辑学就被列入高等师范学校的有关课程之中。五四以后，北京大学、清华大学、厦门大学、上海法科大学等多所大学，以及一批师范学校、普通中学曾先后开设了逻辑学课。最早被用做大学逻辑学课程教材的是屠孝实的《名学纲要》（1925）。此后，北京大学使用了江恒源的《论理学大意》（1928）、刘博扬的《论理学》（1929）；浙江大学使用了王章焕的《论理学大全》（1930）；中央大学使用了何兆清的《论理学大纲》（1932）；而当时最有影响的金岳霖的《逻辑》（1937）是作者在清华大学的教学用书。除了大学教材外，还有近20种师范和高中的逻辑教材。如范寿康的《论理学》（1931）就在“编辑大意”中注明：“本书系统按照教育部最近颁发高级中学师范科暂行课程标准编辑而成。”卢广熔的《论理学教科书》也注明是根据教育部规定的授课时数在直隶第二女子师范学校的教学用稿。由此可见，当时教育部确实已经把逻辑列为某些大学、高中和师范学校的课程，这说明形式逻辑在我国20世纪20年代以后进入了普及阶段。[51]

在学术方面，很多中国学者开始以西方逻辑学为指导从事研究工作。比如，胡适建构新的中国哲学史和对中国古代哲学进行研究的重要工具之一，是逻辑学。他的《中国哲学史大纲》（卷上）就是这一研究路线的代表性成果。他在《中国古代哲学史》（即《中国哲学史大纲》卷上）台北版自记中说得十分明白："我这本书的特别立场是要抓住每一位哲人或每一个学派的'名学方法'（逻辑方法，即知识思考的方法），认为这是哲学史的中心问题。……这个看法，我认为根本不错。"[52]

此外，冯友兰、金岳霖等也曾深受逻辑分析法的影响，并试图使之与中国古典哲学相融，以创造出新的方法和哲学体系。金岳霖曾说："哲学是说出一个道理来的成见。"[53]所谓"成见"，可以指一种假设或信仰。所谓"说出一个道理来"，就是用逻辑工具为基本的哲学思想作出论证。"成见"可以是一种预设或信念，但由之而展开的学说体系则是应由严密逻辑论证作支撑的。正是在这个意义上，金岳霖说："如果哲学主要与论证有关，那么逻辑就是哲学的本质。"[54]

冯友兰曾说："就我所能看出的而论，西方哲学对中国哲学的永久性贡献，是逻辑分析法。"[55]所谓逻辑分析，就是辨名析理，即对语言的澄清和对语句表达思想的处理。他的《新理学》就是由辨名析理而成的新的哲学体系。这正如冯友兰自己所说："我已经在《新理学》中能够演绎出中国哲学的形而上学观念，把它们结合成为一个清楚而有系统的整体。"[56]

应当指出，无论是冯友兰，还是金岳霖，在推崇逻辑分析法的同时，也指出了其中的局限。如金岳霖就认为，在学习西方理智的方法时，不应忘记中国传统哲学的长处，哲学不仅是理智的分析，还应关心人类生存的意义与价值，还应有情感的投入。而20世纪40年代以来，冯友兰的《新原人》《新原道》《新世训》都是以"负的方法"为指导完成的。

西方逻辑学对科学的影响更为明显。随着逻辑学的传播，在思想界引发了一股崇尚方法的热潮，科学家的思想也受到了影响。"方法"就其一般意义说，可以指思考、言语、行为等的门径、程序。科学的两个重要方面是方法与科学知识。蔡元培指出，方法论较之具体科学更为重要。他多次讲到"点石成金”的故事，并昭示学生“我们得知识是金，得方法是指头，自然是方法更重要了”[57]。他认为逻辑学是重要的科学研究方法，“研究科学，不可不知研究科学的方法，即不可不知论理学”[58]。关于逻辑对科学的具体作用，蔡元培通过归纳法、演绎法来说明，“科学方法有二：曰归纳法；曰演绎法。归纳者，致曲而会其通，格物是也。演绎者，结一而毕万事，致知是也”，“格物致知，学者类以为物理之专名，而不知实科学之大法也”。[59]逻辑被置于科学研究中的“大法”的位置，足见其受重视之程度。

这里以竺可桢为例作一说明。竺可桢是中国近代地理学与气象学的奠基者，他的科学思想与西方逻辑学的传播有密切关系。他认为西方近代科学的崛起只是16世纪以后的事情。西方近代科学以探求真理为目标，为了实现这一目标运用了一定的方法，即逻辑学的归纳法与演绎法。他在《科学之方法与精神》一文中说：“所谓科学方法就是科学上推论事物的分类。亚里士多德分推论为三类，就是（1）从个别推论到个别……（2）从个别推论到普遍……（3）从普遍推论到个别。”竺可桢对逻辑学的重视不仅停留在思想言论中，更在具体的科学研究中付诸实践。例如，他在《杭州西湖生成的原因》（1921）、《南宋时代我国气候之揣测》（1925）、《冬寒是否为火灾之预兆》（1930）等科学论文中，为了求得问题的解决，就曾经分别运用或联合运用或演绎法、归纳法和类比法。[60]

通过上述简略的描述，可以看出19世纪末以来西方逻辑学在中国确有相当深广程度的传播。最为突出的是，借助于政府的推动，西方逻辑学在大中学校已经有一定程度的普及。这一方面对中国人思维方式的塑造有着深远的影响；另一方面也给人们以“形式逻辑”才是思维之手段的感觉。以至于一谈起思维，不少人都认为就是遵循形式逻辑的概念思维，而少有人谈及意象思维。

6.3.2 唯科学主义的影响

丹皮尔（W. C. Dampier）曾指出，19世纪是“科学的世纪”，这不仅是因为人们关于自然界的知识在迅速增长，还因为“我们认识到人类与其周围的世界，一样服从相同的物理定律与过程，不能与世界分开来考虑，而观察、归纳、演绎与实验的科学方法，不但可应用于纯科学原来的题材，而且在人类思想与行动的各种不同领域里差不多都可应用”[61]。这里丹皮尔描述了西方19世纪出现的一种唯科学主义的思潮。其实这种思潮的萌芽最早出现在培根的哲学中。而作为一种哲学形态的科学主义，是19世纪初由孔德及实证主义者完成的。按照孔德的实证原则，除了以观察到的事实为依据的知识以外，没有任何真实的知识，因此独立于科学之外的哲学是不存在的，人们的理性不能解释哲学的基本命题。他反对形而上学，认为科学的价值远远高于形而上学。孔德这种摈弃形而上学、独尊科学的唯科学主义思想对于20世纪以逻辑实证主义为主的唯科学主义思潮泛滥有着直接的影响。20世纪初的逻辑实证主义代表人物有石里克、卡尔纳普、赖欣巴赫等，他们坚信没有任何一个研究领域能够超出实证科学的范围或不能从其方法中获得益处。[62]这种论调和孔德等人并无二致，不同之处在于他们更强调对语言进行分析。他们试图应用弗雷格、罗素、维特根斯坦等人创立的逻辑分析方法来实现不同科学定律和语言的统一，然后就可以将成熟科学的概念和方法向伦理学或历史等人文社会科学领域扩散。这样，唯科学主义就不仅仅是一种科学观，更主要的是一种文化观。“唯科学主义盛行的结果，不仅损害了人文科学，使近代以来人文科学得不到应有的重视和发展，而且造成文化总体中人文精神的衰微。人们被实证知识和技术的力量所迷惑，把实证科学当做科学的全部，把物质的追求和本能的满足当成人生的全部内容，导致精神的萎钝、迷惘、痛苦和人生终极意义的丧失。最终，自然科学和技术本身迷失了目的，变得敌视人，甚至可能毁灭整个人类了。唯科学主义是现时代人类所遭受的‘科学危机’‘文明危机’的重要思想根源。”[63]

作为一种哲学思潮和广义的文化价值观念，唯科学主义并不是西方特有的现象，在中西文化交汇的历史过程中，唯科学主义同样构成了中国近代特别是五四时期一道引人注目的思想景观。

中国近代唯科学主义思潮大致可以用“两个阶段”和“两种类型”来概括。所谓“两个阶段”是唯科学主义的发生阶段和高潮阶段；“两种类型”是指“唯物论的唯科学主义”和“经验论的唯科学主义”。

中国近代唯科学主义思潮的发生，可以追溯至19世纪末戊戌维新中的严复。同西方逻辑实证主义者一样，严复也认为只有在经验范围内的东西才是可知的，所谓“可知者，止于感觉”（《穆勒名学》按语）。因此，“天地元始、造化真宰、万物本体”（《天演论》按语）等不可观察之物，皆是不可认识、不可思议的。他主张解构中国传统哲学的宇宙论与本体论的结合，把能够作经验证实的宇宙论与不能够作经验证实的本体论分离开来，并由此而引入经典力学和生物进化论的框架，加以变形和放大，建构起科学宇宙论。这样，“严复等人也把西方近代经验论传统和现代实证主义原则引入了中国，第一次把中国哲学置于近代科学的框架内，使哲学沿着实证化、科学化的方向发展”[64]。

中国近代唯科学主义思潮是在五四前后形成的。随着新文化运动的兴起，科学主义思潮几乎席卷了整个中国思想界。新文化运动的倡导者陈独秀、李大钊、胡适、鲁迅等人，都极力推崇和提倡科学。在他们看来，科学不仅是指导人们正确认识宇宙、人生范式，而且是反对封建旧文化、旧思想，打破封建旧礼教束缚的思想武器和理论旗帜。陈独秀说：唯“德先生”与“赛先生”，“可以救治中国政治上、道德上、学术上、思想上一切的黑暗”。[65]

“唯物论的唯科学主义”认为“生命的所有方面都从属于自然的秩序并能通过科学方法来控制和认识，因为他们仅是简单的自然物质并按照确定的科学规律运动”[66]。吴稚晖和陈独秀是这种观点的代表人物。吴稚晖极端崇拜科学，持“科学万能论”观点。郭颖颐评论说：“18世纪初流行的思潮（以拉·美特利的《人是机器》、霍尔巴赫的《自然的体系》为代表），即唯物主义观点和科学一元论，现在又在中国出现，并被它最狂热的拥护者吴稚晖所崇拜。”[67]

陈独秀是最早提出“民主与科学”口号的思想家，他津津乐道于科学的巨大作用，以至于“几乎没有表述其科学崇拜的哲学基础的著述”（郭颖颐）。他依据孔德的人类进化三时代论，指出人类经过“宗教迷信时代”“玄学幻想时代”之后，必然要进入“科学实证时代”，明确地将“科学实证”视为整整一个时代的标志。他还提出，科学实证时代的特征是：不仅自然科学理论必须由实证而建构，“一切政治、道德、教育、文学，无一不含着科学实证的精神”[68]。就社会科学而言，是“拿研究自然科学的方法，用在社会人事的学问上，像社会学、伦理学、历史学、法律学、经济学等，凡是用自然科学方法来研究、说明的都算是科学，这乃是科学最大的效用”；“不但应提倡自然科学，并且研究、说明一切学问都应严守科学方法”。[69]可以看出，陈独秀也是一位“科学万能论”者。

“经验论唯科学主义”代表人物是胡适。顾名思义，这种观点的哲学基础是经验主义哲学。相对于演绎法，经验主义哲学更赞成归纳法。现代经验主义的开拓者培根主张，只有通过自然科学方法获得的知识才是真正的知识。这也就是我们在前文中把培根的哲学当做“唯科学主义”萌芽的原因。

胡适同样也竭力倡导和推进科学方法万能论。胡适认为，西方社会科学、自然科学之所以发展，全在于新方法论的出现。因此，他认为中国要打开局面，同样要选择一条“求知”的捷径。他说：“科学的方法，说起来其实很简单，‘只不过尊重事实，尊重证据’。在应用上，只不过‘大胆的假设，小心的求证’。”[70]他将达尔文的演化论、赫胥黎的怀疑论及杜威的实验主义方法胶糅掺杂后，成为他进行问题研究的信条，以致认为对任何问题都要求在“为什么”之中进行三步论研究：先研究问题的种种方面的种种事实，看看究竟病在何处；然后根据一生的经验学问，提出种种解决的方法；再用一生的经验学问加上想象的能力，推想每一种假定的解决方法应有何效果，更推想这种效果是否真能解决眼前这个困难问题。推想的结果，拣定一种最满意的解决，并且“一切主义，一切学理，都该研究”[71]。

通过上面的论述可以看出，唯科学主义拒斥本体论，反对任何不能被证实的东西。这就从根本上否定了“不可言传”的意会思维。比如陈独秀拒绝所有对现实人生无用的玄想、想象：

> 科学者何？吾人对于事物之概念，综合客观之现象，诉之主观之理性而不矛盾之谓也。想象者何？既超脱客观之现象，复抛弃主观之理性，凭空构造，有假定而无实证，不可以人间已有之智灵，明其理由，道其法则者也。[72]

再比如“科玄论战”之“科学”一方的代表人物丁文江及其同道嘲讽：“传统的精神、直觉、美学、道德及宗教感情，是与实证的因而是实际的思维相对立的空幻怪诞思维的最好例子。”[73]

上述重视形式逻辑、实证实验，反对直觉、想象的思潮在科玄论战之后愈演愈烈，意象思维方式的生存空间受到严重的挤压。比如，传统意象思维曾被冠以唯心主义的帽子，受到粗暴的批判和排斥。

小 结

本章对中国传统创造思想在近代以来的发展变化作了描述和分析。第6.1节考察了创造价值观的近代巨变。近代以来创造价值受到极度的推崇，这是和人们渴望改变民族、国家的命运联系在一起的。这是两千年来前所未有的现象，是中华民族走向兴盛的一个表现。但在这个过程中，传统的“成己成物”并重的创造价值观却被忽视，单纯的“成物”成为人们的价值追求。在伴随着物质产品极大丰富的同时，人的“异化”问题也越来越突出，带来很多严重的心理和社会问题。

不但如此，在“‘创新’意识形态压力（制度性压力）下，如今的创造往往只是一种职业化创新，它以个体生存利益的无限发展‘创新’的目的，即‘我创新、我生存’。这种求生存的‘创新’不仅丧失了中国传统文化创作中的生命感、宇宙感和历史感，而且也不能实现对现代存在问题的追问和对自我价值的创建。这种求生存的‘创新’是必然没有内在性和缺少诗意的”[74]。清华大学袁鹰教授认为，当前中国文化“创新”的纵深发展，正在沦入价值虚无、标准瓦解的“恶搞”的酱缸中。在文化界，各种方式、各种名义的“恶搞”正在成为“文化创新”的常规途径，而且从娱乐界到传播界、从文化界到学术界，“恶搞”成就了前赴后继的形形色色的“超男”和“超女”。他说，在这个“全民创新”、被定义为“盛世繁荣”的文化时代，我们只能看到一个充满“恶搞”的怪诞而破碎的文化景象的万花筒——这个文化万花筒巨大无比，喧嚣华艳，但空无一物。无疑，当前中国文化“创新”深化的趋势是由泡沫文化转向垃圾文化——由虚假的繁荣转向恶俗的泛滥。[75]袁鹰教授的话虽不免有些偏激，但他确实洞见了隐藏在当前的“创新”活动中的体制化、商业化、功利化、肤浅化的特征。在这样的社会文化背景中，“成己成物”并重，注重心灵参与、境界提升的传统创造价值观的意义和价值是显而易见的。从整个新文化的建构角度来说，即使在“加强人之外面的创造”的能力的同时，也要关注人本身存在的意义，强调人之“内里的创造”（成己）方面。[76]

本章第6.2节介绍了熊十力的意会认识论，这是近代以来为数不多的意会认识论思想。第6.3节介绍了在形式逻辑的广泛传播、唯科学主义大行其道的背景下，传统意象思维的衰落。我们对这段历史的描述是带着同情和惋惜的心情的。不可否认，当前我们仍需要在研究和普及概念思维、形式逻辑方面下功夫，这是中国传统思维之短，“补短”的工作必须长期坚持，否则我们的思维就难以现代化；但由于对传统意象思维的简单批判和排斥，使之在思维实践中严重滞后，中国传统文化及意象思维教育几乎为零，大部分学生熟悉的只有近乎机械的概念思维及其推理，缺乏两种思维张力作用下的创造活力。若不改变这一现状，素质和创新教育就难以深化。事实上，概念思维至上、唯科学主义一统天下的思潮已成过去，只强调概念思维或只强调意象思维，都不能使中国思维现代化，只有将各领域的思维都视为概念思维和意象思维的统一体，才是中国思维现代化的必由之路。

历史告诉我们，中华民族曾吞下了忽视概念思维的苦果；现实昭示我们，中华民族不能再铸成鄙视意象思维的遗憾，总之，“扬长”和“补短”二者缺一不可。

注　释

[1] 刘仲林，王忠，宋兆海．走向现代之路[J]．求索，2006(6)．

[2] 蔡元培．蔡元培全集：第4卷[M]．北京：中华书局，1984：352．

[3] 柏格森．创造进化论[M]．北京：华夏出版社，1999：92．

[4][5] 许全兴.创造是五四精神的灵魂[N].光明日报,1999-05-07.

[6] 陈独秀.陈独秀文章选编:上[M].北京:生活·读书·新知三联书店,1984:101.

[7] 胡适.胡适文存:一集[M].合肥:黄山书社,1996:234.

[8] 马克思,恩格斯.马克思恩格斯全集:第2卷[M].北京:人民出版社,1957:104.

[9] 列宁.列宁全集:第38卷[M].北京:人民出版社,1972:127.

[10] 毛泽东.毛泽东早期文稿[M].长沙:湖南出版社,1990:201.

[11][12] 梁漱溟.朝话[M].合肥:安徽文艺出版社,1997:88.

[13][15][26][27][32][33][40][41] 熊十力.新唯识论[M].北京:中华书局,1985:105-106,115,243,248,328-329,358,109,249.

[14] 熊十力.十力语要:卷四[M].沈阳:辽宁教育出版社,1997.

[16] 陶行知.陶行知全集:第3卷[M].长沙:湖南教育出版社,1985:484.

[17] 列宁.列宁全集:第34卷[M].北京:人民出版社,1965:76.

[18] 毛泽东.毛泽东选集:第3卷[M].北京:人民出版社,1996:1031.

[19] 冯契.毛泽东思想研究大系:哲学卷[M].上海:上海人民出版社,1993:271.

[20] 董学文.论毛泽东在文艺理论方面的贡献[J].文学评论,1993(6).

[21] 曾智昌.论毛泽东关于创新能力培养的思想[J].机械工业高教研究,1999(4).

[22] 毛泽东.在莫斯科向中国留学生的讲话[N].人民日报,1957-11-20.

[23] 中国创造学会网站:http://www.ccsis.org/.

[24] 方克立.现代新儒家学案:上册[M].北京:中国社会科学出版社,1995:前言·代序.

[25] 李泽厚.中国现代思想史论[M].北京:东方出版社,1987:8.

[28][29][30] 熊十力.体用论[M].北京:中华书局,1994:3,32,112.

[31] 陈来.熊十力哲学的体用论[J].哲学研究,1986(1).

[34][36][38][39] 熊十力.十力语要:卷二[M].沈阳:辽宁教育出版社,1997:127,119,126-127,128-129.

[35] 熊十力.十力语要:卷三[M].沈阳:辽宁教育出版社,1997:233.

[37] 高瑞泉.默识与体认[J].华东师范大学学报:哲学社会科学版,2001(5).

[42] 郭齐勇.熊十力思想研究[M].天津:天津人民出版社,1993:113.

[43] 刘仲林.新认识[M].郑州:大象出版社,1999:197.

[44] 严复.原强修订稿[M]//严复集:第一册.北京:中华书局,1986.

[45] 李匡武.中国逻辑史:近代卷[M].兰州:甘肃人民出版社,1989:149.

[46][47][51] 段治文.中国现代科学文化的兴起(1919—1936)[M].上海:上海人民出版社,2001:107,108-109,106-107.

[48] 严复.与《外交报》主人书[M]//严复集:第三册.北京:中华书局,1986.

[49] 严复.原强[M]//严复集:第一册.北京.中华书局,1986.

[50] 王国维.奏定经学科大学文学科大学章程书后[M]//王国维文集:第三卷.北京:中国文史出版社, 1997.

[52] 胡适.中国哲学史大纲:卷上[M]//胡适学术文集·中国哲学史:上册.北京:中华书局,1991:5.

[53] 金岳霖.冯友兰《中国哲学史》审查报告[M]//金岳霖文集:第一卷.兰州:甘肃人民出版社,1995:625.

[54] 金岳霖.金岳霖学术论文选:序[M].北京:中国社会科学出版社,1990:442

[55][56] 冯友兰.中国哲学简史[M].北京:北京大学出版社,1982:378,385.

[57][58][59][60] 崔清田.20世纪逻辑学在中国的影响[J].云南社会科学,2000(4).

[61] 丹皮尔.科学史及其与宗教哲学的关系[M].北京:商务印书馆,1975:283.

[62] 范中.试析科学主义的产生与发展[J].自然辩证法研究,1994(2).

[63] 朱红文.唯科学主义从近代到现代的内在消解之路[J].北京师范大学学报:社会科学版,1995(4).

[64][65] 李维武.中国科学主义思潮的百年回顾[J].哲学动态,1999(12).

[66][67][72][73] 郭颖颐.中国现代思想中的唯科学主义[M].南京:江苏人民出版社,1990:19,19,48,104.

[68] 陈独秀.近代西洋教育[M]//陈独秀文章选编.北京:生活·读书·新知三联书店,1984.

[69] 陈独秀.新文化运动[M]//陈独秀文章选编.北京:生活·读书·新知三联书店,1984.

[70] 胡适.治学的方法和材料[M]//胡适文选.台湾:远流出版公司,1986.

[71] 段治文.中国近代唯科学主义思潮新论[J].天津社会科学,1997(2).

[74][75] 袁鹰.创新患上"强迫症"[N].社会科学报,2007-02-08.

[76] 王忠,刘仲林.论创造精神作为文化的核心——兼及中国新文化的模式建构和实施途径[J].社会科学家,2007(3).

总结与展望

本书研究的主要内容是具有中国传统文化特色的创造价值观、意会认识论和象数思维模式。

笔者首先全面、系统地梳理了中文中的“创”及相关词汇的演变过程，并作了较为合理的解释，然后以英文中“creat”等词的演变作为参照，提出为什么“古代中国人没有将创造列为基本的文化精神和价值”的问题。

第3章的第3.1节是对第1章所提问题的回答。第3.2节提出了在中国传统文化中，用以表达创造价值的是“生生”和“成己成物”，揭示了由“生生”“成己”“成物”组成的中国传统创造价值观。

第4章首先介绍了波兰尼的意会认识理论，然后指出中国有悠久丰富的意会认识思想，并以庄子、郭象以及禅宗为例作了具体详细的介绍和分析。

第5章以《周易》为例介绍了中国最具特色的意象思维——象数思维。首先讨论了作为象数思维核心的“立象尽意”和象数思维的两种致思方式，即取象比类和运数比类，并分析了象数思维的特色和不足。然后以取象比类和运数比类为线索讨论了象数思维在古代科技中的重要作用。

第6章综合介绍了创造价值观、意会认识论和意象思维在近代以来发展变化的历史，并给出了评价。

本书的创新之处主要包括以下几个方面：

在研究思路上，突破了一般的对创造作孤立的、静态的研究的模式，以实践哲学为指导，从过程的、动态的角度研究人类创造活动所涉及的价值判断、认识论、思维模式，从而建构了一个新的研究框架。

提出了“生生”“成己”“成物”的古代创造价值观模式。阐述了《中庸》里的“诚”在 “生生”与“成己成物”间的桥梁作用。

在前人研究成果的基础上，对庄子、郭象和禅宗的意会思想作了更为细致的分析。

归纳了创造价值观在近代发展的四个阶段。

分析了意象思维在近代衰微的两个原因。

此外，本书对中英文中“创（造）”一词的考证，是国内迄今较为系统、全面的，同时也纠正了一些似是而非的观点。

在研究方法上，本书使用了中西比较、考据考证、历史分析、哲学思辨等多种方法，交叉运用了不同的学科，如哲学、历史学、思想史、心理学、创造学、科学史等。

当然，本书的研究还存在一些不足，比如对阻碍创造价值确立的因素分析还不够全面；阐述意会认识论和象数思维时未补充具体的学科案例作为支撑；未涉及科技以外的其他领域，如文学艺术中的象数思维等。

整体来说，本书的贡献主要是建构了一个具有中国文化背景的创造思想研究框架，并进行了一些较为深入和系统的探讨，力图正本清源，回归和重塑创造的本质。在全民创新创业成为时代热潮之下，笔者认为从哲学层面进行一些“冷思考”是非常必要的。

以此就教于方家。

参考文献

中文文献

[1] 雷蒙·威廉斯.关键词:文化与社会的词汇[M].北京:生活·读书·新知三联书店,2005.

[2] 刘仲林.中国创造学概论[M].天津:天津人民出版社,2001.

[3] 何星亮.创新的概念和形式[N].学习时报,2006-02-13.

[4] 张岱年.张岱年全集:第6卷[M].石家庄:河北人民出版社,1996.

[5] 刘仲林.中国新哲学宣言[C]//2004年中国哲学大会会议论文.中国社会科学院,2004.

[6] 赵馥玉.价值的历程[M].北京:中国社会科学出版社,2006.

[7] 马克思恩格斯全集:第25卷[M].北京:人民出版社,1975.

[8] 资本论:第3卷[M].北京:人民出版社,1975.

[9] 资本论:第1卷[M].北京:人民出版社,1975.

[10] 马克思恩格斯选集:第3卷[M].北京:人民出版社,1972.

[11] 袁银兴.小农意识与中国现代化[M].武汉:武汉出版社,2002.

[12] 陈来.古代宗教与伦理:儒家思想的根源[M].北京:生活·读书·新知三联书店,1996.

[13] 唐君毅.中国哲学原论:导论篇[M].台湾:学生书局,1993.

[14] 王夫之.船山全书:第6册[M].长沙:岳麓书社,1996.

[15] 张涛.经学与汉代社会[M].石家庄:河北人民出版社,2001.

[16] 冯友兰.中国哲学史:上册[M].上海:华东师范大学出版社,2000.

[17] 梁启超.清代学术概论:二十六[M].北京:中国人民大学出版社,2001.

[18] 张岱年.张岱年全集:第七卷[M].石家庄:河北人民出版社,1996.

[19] 蒙培元.《中庸》的“参赞化育说”[J].泉州师范学院学报,2002(5).

[20] 牟宗三.中国哲学的特质:第六讲[M].台湾:学生书局,1998.

[21] 李慎之.对“天人合一”的一些思考[N]. 文汇报,1997-05-13.

[22] 张岱年.中国哲学大纲[M].北京:中国社会科学出版社,1982.

[23] 张岱年.张岱年全集:第五卷[M]. 石家庄:河北人民出版社,1996.

[24] 赵春音.人本主义心理学创造观研究[D].北京:北京大学,2001.

[25] 刘述先.理一分殊的现代解释[M]//中西哲学与文化:第一辑.石家庄:河北人民出版社,1992.

[26] 方立天.中国佛教哲学要义:下册[M].北京:中国人民大学出版社,2002.

[27] 张岱年.张岱年全集:第二卷[M].石家庄:河北人民出版社,1996.

[28] 迈克尔·波兰尼.个人知识——迈向后批判哲学[M].许泽民,译.贵阳:贵州人民出版社,2000.

[29] 波兰尼.科学、信仰与社会[M].王靖华,译.南京:南京大学出版社,2004:序.

[30] 冯友兰.中国哲学简史[M].北京:北京大学出版社,1996.

[31] 方东美.原始儒家道家哲学[M]. 台北:黎明文化事业公司,1983.

[32] 徐复观.中国艺术精神[M].台湾:“中央”书局,1966.

[33] 汤一介.郭象与魏晋玄学[M].武汉:湖北人民出版社,1983.

[34] 洪修平.禅宗思想的形成与发展[M].修订本.南京:江苏古籍出版社,2000.

[35] 方立天.中国佛教哲学要义[M].北京:中国人民大学出版社,2002.

[36] 石峻.中国佛教思想资料选编:第二卷第4册[M].北京:中华书局,1981.

[37] 刘仲林.中国创造学概论[M].天津:天津人民出版社,2001.

[38] 刘仲林.新思维[M].郑州:大象出版社,1999.

[39] 刘仲林.新认识[M].郑州:大象出版社,1999.

[40] 刘仲林.新精神[M].郑州:大象出版社,1999.

[41] 朱伯崑.易学哲学史:中册[M].北京:北京大学出版社,1988.

[42] 朱伯崑.易学基础教程[M].北京:九州出版社,2000.

[43] 爱因斯坦文集:卷1[M].北京:商务印书馆,1976.

[44] 唐明邦.《周易》:打开宇宙迷宫的一把金钥匙[M]//丘亮辉.《周易》与自然科学研究.郑州:中州古籍出版社,1992.

[45] 刘仲林.科学臻美方法[M].北京:科学出版社,2002.

[46] 汪裕雄.意象与中国文化[J].中国社会科学,1993(5).

[47] 刘仲林,王忠,宋兆海.走向现代之路[J].求索,2006(6).

[48] 蔡元培.蔡元培全集:第4卷[M].北京:中华书局,1984.

[49] 柏格森.创造进化论[M].北京:华夏出版社,1999.

[50] 许全兴.创造是五四精神的灵魂[N].光明日报,1999-05-07.

[51] 陈独秀.陈独秀文章选编:上[M].北京:生活·读书·新知三联书店,1984.

[52] 胡适.胡适文存:一集[M].合肥:黄山书社,1996.

[53] 马克思,恩格斯.马克思恩格斯全集:第2卷[M].北京:人民出版社,1957.

[54] 列宁.列宁全集:第38卷[M].北京:人民出版社,1972.

[55] 毛泽东.毛泽东早期文稿[M].长沙:湖南出版社,1990.

[56] 梁漱溟.朝话[M].合肥:安徽文艺出版社,1997.

[57] 熊十力.新唯识论[M].北京:中华书局,1985.

[58] 熊十力.十力语要:卷四[M].沈阳:辽宁教育出版社,1997.

[59] 陶行知.陶行知全集:第3卷[M].长沙:湖南教育出版社,1985.

[60] 列宁.列宁全集:第34卷[M].北京:人民出版社,1965.

[61] 毛泽东.毛泽东选集:第3卷[M].北京:人民出版社,1996.

[62] 冯契.毛泽东思想研究大系:哲学卷[M].上海:上海人民出版社,1993.

[63] 董学文.论毛泽东在文艺理论方面的贡献[J].文学评论,1993(6).

[64] 曾智昌.论毛泽东关于创新能力培养的思想[J].机械工业高教研究,1999(4).

[65] 毛泽东.在莫斯科向中国留学生的讲话[N].人民日报,1957-11-20.

[66] 方克立.现代新儒家学案:上册[M].北京:中国社会科学出版社,1995.

[67] 李泽厚.中国现代思想史论[M].北京:东方出版社,1987.

[68] 熊十力.体用论[M].北京:中华书局,1994.

[69] 熊十力.十力语要:卷二[M].沈阳:辽宁教育出版社,1997.

[70] 熊十力.十力语要:卷三[M].沈阳:辽宁教育出版社,1997.

[71] 郭齐勇.熊十力思想研究[M].天津:天津人民出版社,1993.

[72] 严复.原强修订稿[M]//严复集:第一册.北京:中华书局,1986.

[73] 李匡武.中国逻辑史:近代卷[M].兰州:甘肃人民出版社,1989.

[74] 段治文.中国现代科学文化的兴起(1919—1936)[M].上海:上海人民出版社,2001.

[75] 严复.与《外交报》主人书[M]//严复集:第三册.北京:中华书局,1986.

[76] 严复.原强[M]//严复集:第一册.北京:中华书局,1986.

[77] 刘华杰.中国类科学[M].上海:上海交通大学出版社,2004.

[78] 约翰·H 立恩哈德.智慧的动力[M].刘晶,等译.长沙:湖南科学技术出版社,2004.

[79] 卡尔·J 辛德曼.乐在科学——科学卓越性及其回报[M].孙杰,田华峰,译.上海:上海科学技术出版社,2001.

[80] 卡尔·G 亨普尔.自然科学的哲学[M].张华夏,译.北京:中国人民大学出版社,2006.

[81] 野中郁次郎,竹内弘高.创新的本质:日本名企最新知识管理案例[M].林忠鹏,谢群,译.北京:知识产权出版社,2006.

[82] 迈克尔·马尔凯.科学社会学理论与方法[M].林聚任,等译.北京:商务印书馆,2006.

[83] 杨清亮.发明是这样诞生的:TRIZ 理论全接触[M].北京:机械工业出版社,2006.

[84] 戴维·林德伯格.西方科学的起源[M].刘晓峰,等译.北京:中国对外翻译出版公司,2001.

[85] 王国维.奏定经学科大学文学科大学章程书后[M]//王国维文集:第三卷.北京:中国文史出版社,1997.

[86] 胡适.中国哲学史大纲:卷上[M]//胡适学术文集·中国哲学史:上册.北京:中华书局,1991.

[87] 金岳霖.冯友兰《中国哲学史》审查报告[M]//金岳霖文集:第一卷.兰州:甘肃人民出版社,1995.

[88] 金岳霖.金岳霖学术论文选:序[M].北京:中国社会科学出版社,1990.

[89] 王善博.追求科学精神——中西科学比较与融通的哲学透视[M].南宁:广西人民出版社,1996.

[90] 刘大椿.从中心到边缘——科学、哲学、人文之反思[M].北京:北京师范大学出版社,2006.

[91] 方和亮.思维零突破——21世纪创新理论与实践[M].北京:中国经济出版社,2004.

[92] 迈克尔·波兰尼.社会、经济和哲学——波兰尼文选[M].彭峰,等译.北京:商务印书馆,2006.

[93] 冯友兰.中国哲学简史[M].北京:北京大学出版社, 1982.

[94] 丹皮尔.科学史及其与宗教哲学的关系[M].北京:商务印书馆,1975.

[95] 郭颖颐.中国现代思想中的唯科学主义[M].南京:江苏人民出版社,1990.

[96] 詹姆斯·W 麦卡里斯特.美与科学革命[M].李为,译.长春:吉林人民出版社,2000.

[97] 解恩泽,等.交叉科学概论[M].济南:山东人民出版社,1991.

[98] 爱因斯坦.爱因斯坦文集[M].北京:商务出版社,1976.

[99] 姜念涛.科学家的思维方法[M].昆明:云南人民出版社,1984.

[100] 徐飞.科学大师启蒙文库:爱因斯坦[M].上海:上海交通大学出版社,2007.

[101] 王树恩.科学创造学概论[M].天津:天津大学出版社,1994.

[102] 朱亚光.伟大的探索者——爱因斯坦[M].北京:人民出版社,1985.

[103] 诺伯特·维纳.发明:激动人心的创新之路[M].上海:上海科学技术出版社,2002.

[104] 陈龙安.创造性思维的发展与教学[M].北京:中国轻工业出版社,1999.

[105] 罗伯特·卡尼格尔.师从天才——一个科学王朝的崛起[M].江载芬,等译.上海:上海科技教育出版社,2001.

[106] 杰拉德·皮尔.科学时代——20世纪科学家的探索与成就[M].潘笃武,译.上海:复旦大学出版社,2004.

[107] 陈独秀.近代西洋教育[M]//陈独秀文章选编.北京:生活·读书·新知三联书店,1984.

[108] 陈独秀.新文化运动[M]//陈独秀文章选编.北京:生活·读书·新知三联书店,1984.

[109] 胡适.治学的方法和材料[M]//胡适文选.台湾:远流出版公司,1986.

[110] 范中.试析科学主义的产生与发展[J].自然辩证法研究,1994(2).

[111] 朱红文.唯科学主义从近代到现代的内在消解之路[J].北京师范大学学报:社会科学版,1995(4).

[112] 崔清田.20世纪逻辑学在中国的影响[J].云南社会科学,2000(4).

[113] 高瑞泉.默识与体认[J].华东师范大学学报:哲学社会科学版,2001(5).

[114] 陈来.熊十力哲学的体用论[J].哲学研究,1986(1).

[115] 朱伯崑.易学与中国传统科技思维[J].自然辩证法研究,1996(5).

[116] 蒋谦.论意象思维在中国古代科技发展中的地位与作用[J].江汉论坛,2006(5).

[117] 张其成.易学象数思维与中华文化走向[J].哲学研究,1996(3).

[118] 张瑞亭.象数思维的正负效应对中医学的影响[J].山东中医学院学报,1995(2).

[119] 唐明邦.象数思维管窥[J].周易研究,1998(4).

[120] 康中乾.对郭象"独化"论的一种诠释[J].中国哲学史,1998(3).

[121] 贾占新.言意之辨与魏晋学术的分流:下[J].河北大学学报:哲学社会科学版,1998(6).

[122] 高帆,谭希培.论意会认识[J].长沙电力学院学报:社会科学版,1994(1).

[123] 刘仲林.认识论的新课题——意会知识——波兰尼学说评介[J].天津师范大学学报,1983(5).

[124] 吉尔.刘仲林,李本正,译.裂脑和意会知识[J].自然科学哲学问题,1985(1).

[125] 郁振华.波兰尼的意会认识论[J].自然辩证法研究,2001(8).

[126] 李弘毅.波兰尼意会理论的深层内涵及其意义[J].南京社会科学,1997(12).

[127] 郭芙蕊.意会知识与科学认识模式的重建[J].自然辩证法研究,2003(12).

[128] 刘景钊.意会认知结构的心理学分析[J].山西青年管理干部学院学报,1999(1).

[129] 石中英.波兰尼的知识理论及其教育意义[J].华东师范大学学报:教育科学版,2001(6).

[130] 董平.论《易传》的生生观念与《中庸》之诚[J].孔子研究,1987(2).

[131] 刘运兴.论《尚书·盘庚》之"生生"[J].殷都学刊,1996(3).

[132] 李根蟠.中国小农经济的起源及其早期形态[J].中国经济史研究,1998(1).

[133] 高瑞泉.论创造之价值[J].开放时代,1999.

[134] 段治文.中国近代唯科学主义思潮新论[J].天津社会科学,1997(2).

[135] 王雅.经学思维及对中国思维方式的影响[J].社会科学辑刊,2002(4).

[136] 袁鹰.创新患上“强迫症”[N].社会科学报,2007-02-08.

[137] 王忠,刘仲林.论创造精神作为文化的核心——兼及中国新文化的模式建构和实施途径[J].社会科学家,2007(3).

[138] 李维武.中国科学主义思潮的百年回顾[J].哲学动态,1999(12).

外文文献

[1] POPE B.Creativity: theory, history, practice [M]. London and New York: Routledge, 2005.

[2] SMITH L P. Four romantic words[M]//Words and idioms. London: Constable, 1925.

[3] DING S, LITTLETON K. Collaborative creativity: contemporary perspectives[M]. London: Free Association Books, 2004.

[4] PAULUS P, NIJSTAD B. Group creativity: innovation through collaboration[M]. Oxford: Oxford University Press, 2003.

[5] POLANYI M. The study of man[M].Chicago: The university of Chicago Press, 1959.

[6] POLANYI M. Knowing and being[M]. Chicago: The University of Chicago Press, 1969.

[7] POLANYI M. Personal knowledge[M].London: Routledge, 1958.

[8] National Academy of Sciences, National Academy of Engineering, Institute of Medicine, et al. Facilitating interdisciplinary research[M].Washington D C: National Academies Press, 2004.

[9] PALMER C. Work at the boundaries of science: information and the interdisciplinary research process[M].Dordrecht: Kluwer Academic Publishers, 1977.

[10] COWIE A. Oxford advanced learner's dictionary of current English[M]. fourth edition. Oxford: Oxford University Press, 1989.

[11] HEMLIN S, ALLWOOD C M, MARTIN B R. Creative knowledge environments: the influences on creativity in research and innovation[M]. Massachusetts: Edward Elgar Publishing Limited, 2004.